黄河河口水文测验

陈纪涛　刘浩泰　刘巧元
李荣华　高振斌　刘宝贵　编著

黄河水利出版社
·郑州·

内容提要

本书对黄河河口治理开发、防汛过程中开展的观测项目进行了归类、总结,测验项目包括常规水文观测水下地形、水文泥沙因子、海流、潮汐、波浪、风暴潮、河口段挖河固堤观测。主要介绍了各类观测项目测验的要求、测验方式、提交资料及数据整理分析的方式。最后对黄河河口的基本规律研究成果进行了总结。成果真实可靠,可供从事河口测验的工作人员查阅和参考,对黄河河口水文测验工作具有一定的实际指导意义。

图书在版编目(CIP)数据

黄河河口水文测验/陈纪涛等编著. —郑州:黄河水利出版社,2008.12

ISBN 978-7-80734-551-0

Ⅰ.黄…　Ⅱ.陈…　Ⅲ.黄河-河口-水文测验
Ⅳ.P332

中国版本图书馆 CIP 数据核字(2008)第193691号

出 版 社:黄河水利出版社
　　地址:河南省郑州市金水路11号　　邮政编码:450003
发行单位:黄河水利出版社
　　发行部电话:0371-66026940、66020550、66028024、66022620(传真)
　　E-mail:hhslcbs@126.com
承印单位:黄河水利委员会印刷厂
开本:787 mm×1 092 mm　1/16
印张:10.75
字数:249千字　　　　印数:1—1 000
版次:2008年12月第1版　　　　印次:2008年12月第1次印刷

定价:28.00元

前　言

黄河是举世闻名的多泥沙河流，其每年挟带的巨量泥沙一部分沉积在下游河道，一部分淤积在河口地区，一部分在海洋动力作用下输移至外海。沉积在下游河道的泥沙造成了河道的不断抬升，形成了“地上悬河”；沉积在河口地区的泥沙造就了中国最年轻的土地——黄河三角洲。

黄河下游“地上悬河”的现状为黄河下游的防洪带来了很大的隐患，历史上黄河曾因洪水的肆虐给沿黄两岸人民带来无数的灾难。“大河之治，始于河口”。黄河河口是黄河治理的重点环节，黄河巨量泥沙在河口的淤积，形成了影响河流正常入海的拦沙坎。河口的淤积造成了下游河道的溯源淤积，更促进了黄河下游“地上悬河”的抬升。历史上的河口自由散漫，河口演变循着自然规律自由发展，因此河口处于不稳定的状态。由于黄河三角洲经济发展及胜利油田开发的需要，使得黄河口逐渐在人工控制下的流路入海、发育。

在黄河口的治理开发、防汛过程中，离不开的一项最重要的基础工作是“黄河口原型观测”。在“数字黄河”、“模型黄河”工程的建设中，因为边界参数需要原型观测数据去率定，试验的结果需要原型观测数据去验证，所以河口原型观测工作也显得尤其重要。由于黄河口演变受海洋动力和河流动力两种因素的影响，因此黄河口原型观测主要包括河口河流基本水文观测、河口海洋水文观测两方面。河口河流基本水文观测主要有河口水位、流量、含沙量等测验及河道冲淤变化监测；河口海洋水文观测主要有潮汐、波浪、潮流及河口附近水下地形变化监测等。本书围绕河口治理开展的各类观测项目进行分类、总结，根据多年的经验积累，编写了各类观测项目的内容、观测方式、质量要求及数据成果等。

本书可为从事河口测验的工作人员提供参考和学习帮助。各类测验项目主要介绍了测验的技术要求、测验方式、提交资料及数据整理分析的方式，是一套完整的项目过程。本书分三篇，第一篇介绍河口概况，第二篇介绍河口测验项目，第三篇介绍河口研究情况。

本书各章的主要作者：第一、二、三章由刘宝贵编写，第四、五章由刘浩泰、李荣华共同编写，第六、七、八章由高振斌编写，第九、十章由陈纪涛编写，第十一、十二章由刘巧元编写。全书由陈纪涛统稿完成。

在本书的编写过程中，得到了张广泉、霍瑞敬等同志的帮助和指导，在此表示谢意。

由于编者水平和能力有限，书中不当之处恳请读者批评指正。

作　者

2008 年 11 月

前 言

目　录

第三篇　黄河河口研究成果综述

第一篇　黄河河口基本情况

第一章　黄河河口概况

黄河三角洲位于渤海湾与莱州湾之间，属陆相弱潮强烈堆积性河口，是1855年黄河铜瓦厢决口改道夺大清河后入海流路不断变迁堆积而形成的。

与国内其他江河河口不同的是，黄河来沙多，潮汐弱，进入河口的泥沙大部分在口门附近淤积，使河口不断延伸，陆地面积不断增加。黄河大量泥沙被带到河海交汇处，在河流与海洋双向动力作用的平稳位置即滞流点附近发生沉积，逐渐形成拦门沙。拦门沙形成后，像一道拦河潜坝横亘在河口口门附近，对河道泄洪排沙十分不利。本来顺河而下的水沙到达该区之后，气势锐减，水流被迫分散，最终导致河面展宽，水位壅高，泥沙沉积，产生溯源淤积，河床不断抬高，悬河程度加剧，同流量水位上涨，加速河道的衰老，对泄洪、排沙、排凌都具有阻碍作用。同时，河口拦门沙的隆起，相当于侵蚀基面的局部抬升。在自然规律支配下，被阻水流自寻低洼流路入海，造成出汊摆动，然后在新口门两侧继续塑造新的拦门沙。如此周而复始地循环，促使海岸线普遍外沿，进而导致河道比降变缓，孕育着又一次新的变迁改道。

第一节　入海流路演变

由于黄河每年挟带大量的泥沙输往河口，致使河口处于自然淤积—延伸—摆动—改道的频繁变化状态。自1855年铜瓦厢决口改道夺大清河入海以来，黄河入海尾闾流路共发生了9次大的变迁，其中1889～1953年改道6次，顶点在宁海附近；1953年以后改道3次，顶点在渔洼附近。

一、1855～1889年

在1855年黄河改道入渤海以后一个较长的时段内，大量的泥沙淤积在陶城铺以上河段，进入河口的泥沙很少，河口还比较稳定。1872年以后，自东坝头以下陆续修筑堤防，至1885年，两岸堤防在宁海以上已基本形成。随着沿河堤防的逐步完善，输送到河口的泥沙逐渐增多，河口的淤积延伸问题开始显露出来，尾闾河道的摆动变迁也日益频繁。

二、1889～1949 年

这一时期自宁海以下河口尾闾河道基本处于自然变迁状况。在此期间人类活动范围逐渐增大，但长时期内宁海以下河道两岸仅有民埝 20 余 km，河口尾闾段经常决口摆动改道，较大的流路变迁就有 6 次。

三、1949 年以后

随着新中国的成立，河口地区的生产发展对防洪要求也日益迫切，特别是 1961 年在黄河河口开始了石油的开发。为了保护河口地区的工农业生产，以防洪防凌为主对河口河段进行了一系列治理，包括加高加固四段以上的临黄大堤及险工，对阻水卡冰严重的河段进行展宽。为保障三角洲油田的开发，入海流路的 3 次变迁都是有计划的人工改道，而且改道点也都在渔洼以下。

第二节　1953 年以来流路变迁

实践证明，在总结前人治理河口经验的基础上，采取有计划的改道措施来控制河口的自然摆动，是成功有效的。1953 年以来黄河入海流路发生了 3 次改道。

一、神仙沟流路

自 1934 年黄河在合龙处发生决口改道后至 1953 年前由甜水沟、宋春荣沟、老神仙沟分流入海（由于 1938 年花园口扒口黄河由徐淮故道入海，山东河竭），此间实际行水已近 10 年。南股甜水沟原为主流，但流程较长，河道多弯，河床较高，行水不畅，又向南岔出宋春荣沟。北股神仙沟河身较短，河床较低，水流通畅，海域条件好，分流比例逐渐由 30% 增至 70%。在小口子村（渔洼下 2 km）北，神仙沟与甜水沟两流路弯顶相距最近处只有 95 m，该处神仙沟水位比甜水沟低 0.71 m。为改善防洪条件，变分流入海为独流入海，1953 年 7 月在此开挖引河连通两沟，8 月底甜水沟及宋春荣沟即断流。神仙沟单股入海后，尾闾河道水位降低，上游河道发生强烈的溯源冲刷，冲刷直接影响范围上溯至泺口，距改道点约 208 km。

二、刁口河流路

1960 年神仙沟流路必走汊河，不久河势呈现散乱状态。1963 年汊河又在其南生出新汊，主流从新汊河入海，尾闾河段曲折加长，汛后水位明显升高，当年凌汛十分严重。1964 年 1 月 1 日于罗家屋子附近爆破生产堤，河水由神仙沟北侧的刁口河漫流入海。改道之初，新流路比神仙沟河长缩短 22 km，改道点附近具有较大的水头落差，但河口水位降落幅度不大。其主要原因是堤基未能冲开，门槛效应较强；罗家屋子以下地形开阔，地面较高，植被茂密，河面宽阔，水流散漫无力；距改道点 9 km 处有一胶泥土层，难以冲刷，两侧为黄河故道高地阻水。新河道不利的边界条件抑制了流路的发育。尽管改道缩短流程较大，当年来水来沙条件较好（水量多达 904.5 亿 m^3），但河口产生的溯源冲刷效果并不明显。黄河由刁口河入海时期，是艾山以下河道水位淤积抬高幅度最大的一段时间，这除了三门峡水库改变运用方式和水沙条件不利的影响因素外，改道前的准备工作不充分也是一个重要的原因。

三、清水沟流路

清水沟流路是原神仙沟流路汊河故道与原甜水沟流路故道之间的洼地，地势较两侧一般低1.5～4.0 m，地面高程大部分低于3.0 m。入海口处于两条故道突出的沙嘴间的凹湾内。因刁口河行河后期，西河口水位已接近改道标准，改道时机已经成熟，遂于1975年“两部一省”会议决定实施非汛期人工改道，随即1976年5月20日在罗家屋子截流后改由清水沟入海。清水沟初始的河线长度比改道前缩短了37 km，加之入海水沙条件十分有利，改道后泄流比较顺畅，产生了明显的溯源冲刷，取得了较好的效果。这次人工改道不但减轻了黄河泺口以下的洪凌汛威胁，而且促进了三角洲地区的经济发展。

为了充分利用泥沙填海造陆，实现海上石油变陆地开采，1996年汛前实施了清8出汊，使西河口以下河长缩短了16 km，引起河口段河道的溯源冲刷。1997年以来，特别是小浪底水库蓄水拦沙运用以来，进入河口的沙量明显减少，河口淤积延伸速率有所减缓。至2002年汛前，西河口以下河长只有56 km，较1996年汛后仅延长1 km。

从入海流路变迁的影响情况看，如果掌握适当时机，与石油开发和防洪安全需要相结合，有计划地安排入海流路，进行人工改道，对控制河道淤积延伸长度，延缓河床水位抬升速率，保障黄河防洪安全和促进三角洲经济发展均是有利的。

第三节　黄河河口治理开发现状

一、河口治理开发过程

在没有人为控制的条件下，黄河河口淤积—延伸—摆动—改道不断循环演变，使入海流路不断更迭，海岸线不断外移，河口三角洲面积也不断增长。1855年改道大清河入渤海以来，在相当长时间内，河口地区很少有人类活动。1882年开始有垦户出没，1910年垦户渐增，大片荒地被开垦，垦利县由此而得名。1935年受黄河洪水灾害影响，鲁西南等地的贫苦农民来此垦荒定居，移民较多。新中国成立后，黄河三角洲开发受到党和国家的重视，先后3次从鲁西南和附近县移民垦荒。在垦利县陆续出现了友林、新林、建林、益林等村落，并先后建立起规模较大的农场、林场、军马场。1961年开始了石油开发，随后组织石油会战，建立了胜利油田。大型农牧场的出现和石油开发，特别是1983年东营建市以来，黄河三角洲的经济社会情况发生了很大的变化，目前已成为我国重要的石油开采、加工基地。

1855年黄河改道初期，由于大量泥沙淤积在陶城铺以上的泛区内，进入河口的泥沙很少，因此河口还比较稳定。1872年以后，随着下游堤防逐渐完备，输送到河口的泥沙增多，河口的淤积、延伸问题逐渐显露，尾闾河道摆动变迁也日益频繁。在长时期内，河口地区自宁海以下，两岸仅有民埝20余km，均归民修民守，尾闾河道仍处于自然变迁状况。黄河1947年归故前后，渤海解放区分四期对河口段进行复堵，至1949年，左岸大堤修至四段，右岸至垦利宋家圈7.5 km。

新中国成立以后，随着河口地区生产的发展，对防洪要求日益迫切，不容许尾闾河道再任意改道。为了保护河口地区的工农业生产并减轻黄河下游防洪负担，分别于1953年、1964年、1976年有计划地实施了3次人工改道，1996年又实施了清8人工改汊；1976年黄河改道清水沟流路以来，黄河河务部门、胜利油田、东营市共同对清水沟流路进行了大量的治理工作；1988年在河口进行了以“尽量延长现行清水沟流路使用年限”为目标的疏浚试验；1996年以来，按照国家计委以计农经[1996]238号文批复的《黄河入海流路治理一期工程项目建议书》，实施了河口治理一期工程。这些治理措施对河口河段防洪能力、稳定清7以上河道、减轻黄河下游河道淤积、保障河口地区工农业生产和人民生命财产安全起到了重要作用。

随着胜利油田的大规模开发以及地方工农业生产的迅速发展，黄河三角洲沿海地区陆续兴建了防潮工程，截至2003年已建防潮堤395.4 km，对减少风暴潮灾害起到了重要的作用。为了满足胜利油田和东营市工农业发展用水要求，20多年来，在黄河河口地区兴建了一大批水利工程，已初步形成了以开发利用黄河水资源为主体的地表水和地下水工程体系。目前，在沿海地区已经形成海产养殖、石油开发、港口及渔港、盐业生产、种植等多种开发利用方式，使三角洲地区丰富的滩涂资源得到初步开发。

二、防洪工程建设

自新中国成立至1976年黄河改道清水沟以前，对尾闾河段（主要指渔洼以下）治理基本沿袭了顺其自然并有计划地改道这一符合当时自然条件和社会条件，且有利于黄河河口防洪安全的治理措施。为防止洪水漫溢影响范围过大，仅修建简易的单侧生产堤，如四段至老爷庙、同兴农场生产堤和利埕公路等。石油的开采和开发很大程度地带动了当地经济的发展，特别是1976年黄河改道清水沟以来，河口地区经济社会发展迅速。这同时对河口和尾闾的整治提出了更高的要求，黄河河务部门、东营市对尾闾河段曾实施了多项整治工程和现场试验，1996年以来按照国家计委批复的意见实施了河口治理一期工程。主要措施有以下几个方面。

（一）堤防工程

清水沟流路是一次有计划的人工改道。改道前兴修防洪堤17.23 km，加培接长南大堤28.6 km，对南防洪堤进行了加培补残，在清水沟开挖引河，在东大堤上破除过水口门4个，实施了大河截流工程。改道后又实施了大堤加培工程，1980～1987年，先后3次对北大堤进行加高培厚，使其达到设计防洪标准。1988年六号路转为北大堤延长后，2次加高培厚，与孤东南围堤相接，使北大堤有效防护长度下延至清7断面；为减轻漫滩洪水对北大堤的威胁，提高其抗洪能力，还考虑淤背加固和修建险工工程。1996年以来，先后实施了南防洪堤加高加固及延长工程和北大堤六号路延长段加高加固工程，并对部分堤段实施了放淤固堤。这些堤防工程的实施，使尾闾河段能够防御西河口发生10 000 m^3/s的洪水。

（二）拖淤试验

为探讨在黄河河口拖淤的可能性，1977年11月在利津水文站附近河段曾进行了拖淤试点。1988～1990年和1992年4年间，在尾闾河段曾较大规模地进行了拖淤试验。

1988～1990 年每年拖淤均在 100 d 以上，平均动用船只 10 艘；1992 年动用船只 2 艘，由于同步观测资料有限，且 1988～1992 年黄河来水来沙情况变化较大，使得拖淤效果的分析较为困难。

（三）河道整治工程

在清水沟流路改道初期，除已修建的中古店、护林工程和十四公里等 3 处工程外，河道基本处于无工程控制状态。1986 年先后修建了苇改闸、西河口、八连、十八户、崔家、生产村、清 3、清 4 等 8 处河道整治工程。实践证明，适当加强河口河段的河道整治，是一条保持河槽稳定通畅、增强泄洪排沙的重要途径。

（四）清 7 断面以下人工截流改汊工程

胜利油田管理局为尽快勘采清水沟大沙嘴北侧浅海石油，提出在清 7 断面原北汊串沟口以下几百米处挖引河堵故道，导河向东北入海，提前填海造陆，为加速石油勘采和节省投资创造条件。在胜利油田、东营市和黄河有关部门取得共识的基础上，于 1996 年 6 月成功地实施了清 8 人工截流改汊工程。这对加速三角洲和浅海石油开发，减轻利津以下河段防洪防凌负担具有很大的作用。

第二章　黄河河口水文测验基础设施

黄河河口水文测验基础设施主要包括平面控制及高程控制两部分。

第一节　平面控制

平面控制是黄河河口水文测验的定位依据。由于不同的时期采用的定位仪器不同，因此平面控制的设施也不同。

一、六分仪后方交会定位

(一)河道观测

沿观测断面设置两个断面标志杆,在断面的上游或下游垂直断面线设置基线一个(一般基线长度为 1 000 m),并在其另一端设置基线标志一处。这些标志一般采用水泥电柱。个别宽断面设置小型三角钢标。

(二)三角洲附近海域观测

该区域的后方交会定位是采用三标两角法测定位置。因此,需要在测区潮间带岸滩上或水中设置足够数量、具有一定高度的三角标,这些标志均采用木质复合三角标,其高度一般在 20 m 左右。为了满足定位需要,测区内需设置 10 座这样的标志。建在水上的标志设置在行水河道的河口处,每年观测结束后,被淤积成陆地的区域,保留其标志可作为下一次水上建标的起始点,仍在水中的予以拆除。

定位标志位置的测定:三角标架设完毕后便组织人员对其位置实施测定,一般与岸上设置的国家三角点或军控点进行联测,其方法视已知点与新设三角标的组合情况,分别采用经纬仪前方交会法、后方交会法及三角形方法进行测定。

这种平面控制设施,自 1964 年建立一直持续到 1972 年使用无线电定位仪时方才结束。

二、无线电定位

自 1973 年开始在三角洲附近海域测量中使用无线电定位仪进行测点定位。先后曾经使用三种型号的无线电定位仪(63 型 500 W 归航机定位仪、304 型短波无线电定位仪及 547 型超短波无线电定位仪)。

无线电定位仪的工作原理是利用无线电波传播过程测出相位差与距离差的关系,借助起始航位来求得测船(测点)位置。

仪器一般由 3 个地面发射台(在测区中部设置 1 个为主台,其余 2 个分别称为副台 1、副台 2)和船用接收机组成。工作时主台发射频率为 $f_{主}$ 的电磁波,副 1、副 2 台接收 $f_{主}$ 后不改相位,按照 $4/3f_{主}$ 和 $3/4f_{主}$ 的频率转发出去。船用接收机分别接收到 3 个无线电讯号，然后分为两组（主—副 1 和主—副 2）送入相位计算器，经计算后分别给出两组双曲线读数，其交点即为欲求测点。由于船用接收机只能测定距离差的增量，因此欲求船的位置，必须首先确定船的起始位置，这就要在海上放置一定数量的已知大地坐标的点（称为联测点），每天开始测量前先到达联测点起航。

按照上述无线电定位的工作原理，其平面控制系统由四部分组成，即地面发射台设置、船用接收机天线设置、联测点设置、绘制双曲线工作图板。

（一）地面发射台设置

地面发射台的位置需满足如下条件：测区最远点至地面发射台的夹角不小于 30°，基线夹角应满足 $120° < \theta < 150°$，基线长度比为 4∶3，要有足够大的（70 m×70 m）平坦场地便于铺设天线及地网线；为便于测定天线位置，发射台周围有足够数量的大地点；当然还要便于地面发射台工作人员的生活。地面发射台位置选定后测定发射台天线位置，测定时用经纬仪与国家设置的大地点或军控点测定其位置。天线位置测定后将发射天线竖立在测定的位置，使其保持竖直。

（二）船用接收机天线设置

此项工作比较简单易行，船用接收机天线在船上的最高处安置即可，但与接收机的平面距离控制在1 m范围内。为取得较好的接收性能，天线要高出船只的最高处，一般设置在船只前桅杆上。

（三）联测点设置

为便于工作，在测区内每隔 30～50 km 应设置联测点，一般在能停船避风的地方（如河口烂泥区）设置小型三角标，用经纬仪与大地点联测其位置，当然还要将高斯直角坐标换成双曲线坐标。

（四）绘制双曲线工作图板

由于无线电定位仪（前两种）是以比较相位差为基础的双曲线坐标系，因此还必须绘制该区的双曲线格网图，该格网图绘制方法有图解法及解析法。

三、GPS 定位

（一）GPS 测量原理

1. GPS 系统的组成

GPS 由 3 个独立的部分组成：

（1）空间部分：21 颗工作卫星，3 颗备用卫星。

（2）地面支撑系统：1 个主控站，3 个注入站，5 个监测站。

（3）用户设备部分：接收 GPS 卫星发射信号，以获得必要的导航信息和定位信息，经数据处理完成导航和定位工作。

GPS 接收机硬件一般由主机、天线和电源组成。

2. GPS 定位原理

GPS 定位的基本原理是根据高速运动卫星的瞬间位置作为已知的起算数据，采用空间距离后方交会的方法，确定待测点的位置。假设 t 时刻在地面待测点上安置 GPS 接收机，可以测定 GPS 信号到达接收机的时间 Δt，再加上接收机所接收到的卫星星历等其他数据可以确定以下 4 个方程式：

$$[(x_1-x)^2+(y_1-y)^2+(z_1-z)^2]^{1/2}+c(v_{t1}-v_{t0})=d_1$$
$$[(x_2-x)^2+(y_2-y)^2+(z_2-z)^2]^{1/2}+c(v_{t2}-v_{t0})=d_2$$
$$[(x_3-x)^2+(y_3-y)^2+(z_3-z)^2]^{1/2}+c(v_{t3}-v_{t0})=d_3$$
$$[(x_4-x)^2+(y_4-y)^2+(z_4-z)^2]^{1/2}+c(v_{t4}-v_{t0})=d_4$$

以上各式中：x、y、z 为待测点坐标的空间直角坐标；x_i、y_i、z_i（$i=1$、2、3、4）分别为卫星 1、卫星 2、卫星 3、卫星 4 在 t 时刻的空间直角坐标，可由卫星导航电文求得；V_{ti}（$i=1$、2、3、4）分别为卫星 1、卫星 2、卫星 3、卫星 4 的卫星钟的钟差，由卫星星历提供；V_{t0} 为接收机的钟差。

由以上 4 个方程即可算出待测点的坐标 x、y、z 和接收机的钟差 V_{t0}。

目前，GPS 系统提供的定位精度是优于 10 m，而为得到更高的定位精度，我们通常采用差分 GPS 技术：将一台 GPS 接收机安置在基准站上进行观测，根据基准站已知精密坐标，计算出基准站到卫星的距离改正数，并由基准站实时将这一数据发送出去，用户接收机在进行 GPS 观测的同时，也接收到基准站发出的改正数，并对其定位结果进行改正，从而提高定位精度。

3. 差分 GPS 分类

差分 GPS 分为两大类：伪距差分和载波相位差分。

1）伪距差分原理

伪距差分是应用最广的一种差分。在基准站上，观测所有卫星，根据基准站已知坐标和各卫星的坐标，求出每颗卫星每一时刻到基准站的真实距离，再与测得的伪距比较，得出伪距改正数，将其传输至用户接收机，提高定位精度。

这种差分，能得到 m 级定位精度，如沿海广泛使用的“信标差分”。

2）载波相位差分原理

载波相位差分技术又称 RTK（Real Time Kinematic）技术，是实时处理两个测站载波相位观测量的差分方法，即是将基准站采集的载波相位发给用户接收机，进行求差解算坐标。

载波相位差分可使定位精度达到 cm 级，大量应用于动态需要高精度位置的领域。

经过了近 10 年的发展，伴随着全球定位系统的不断改进，硬、软件的不断完善，应用领域正在不断地开拓，目前已遍及国民经济各种部门，并开始逐步深入人们的日常生活。相信 GPS 还会继续为方便我们的生活而发挥其应有的作用。

（二）黄河三角洲沿岸的设施

在三角洲附近海区测量过程中使用 GPS 定位包括陆地测量点定位及海域水上点定位。对于陆地测量点定位使用 GPS-RTK 方式，对于海域水上点定位使用 GPS 信标机。

陆地测量点定位：建设必要的 GPS 控制网。1998 年，在黄河三角洲沿海岸地区布设了 8 个 D 级 GPS 点，并进行了控制网的测量，这些设施是陆地测量点定位的依据。

海域水上点定位：GPS 信标机的工作模式为实时伪距差分定位。由于任何型号的 GPS 仪器接收天空多于 4 颗 GPS 卫星信号时，定位误差为 10 ~ 15 m，不能满足常规测量精度要求，因此需要在已知坐标的基准点上设置 GPS 基准。利用基准点的已知坐标及每颗锁定卫星的定位,可精确计算出卫星与基点的真实距离,最终定位精度可提高至 dm 级。采用以上定位原理,GPS 信标机通过接收沿海导航基准站 24 h 不间断发送的差分信号(即信标)进行差分计算,确定接收机所处的位置坐标。信标机在距离基准站 300 ~ 400 km 以内都可以使用。其具有的特点为:①全天候:不因天气状况影响数据的采集;②快速定位:接收频率为每秒 1 次,稳定实时处理,快速确定位置;③精度高:点位测量精度在 1 m 以内;④方便快捷:信标 GPS 只需 1 台 GPS,减少了工作量;⑤航迹图易拼接;⑥内业处理方便。

第二节　高程控制

高程控制能确定测验中的地形变化、水位变化等因素,是黄河口测验最重要的部分。

在黄河口测验中使用的基面有大沽基面和黄海基面。

大沽基面:清光绪二十三年(1897 年),由海河工程局埋设在天津海河口北炮台院内的一座花岗岩制成的标石高程,编号为 HH/155。光绪二十八年(1902 年)春,英国海军驻华舰队炮船"兰勃勒"号承担天津地方政府测量大沽浅滩时,确定以编号 HH/155 标石的高程为基准面,并定名为大沽零点,即大沽基面。其后,顺直水利委员会以及由其改组后的华北水利委员会也都先后用这个大沽零点作为高程测量的起点。黄河流域各测站和测量部门使用的大沽基面,就是由国民政府黄河水利委员会于 1933 年请求华北水利委员会用精密水准测量仪从天津大沽零点引测到德州设立的 YBM290 水准点。1934 ~ 1948 年,国民政府黄河水利委员会测量队先后由德州 YBM290 水准点引测至泺口,并向东引测至利津和青岛,向西引测到十里堡再引测至兰州,途中联测了临清等水准点。目前,由于该系统十分紊乱,现使用大沽高程点的等级及精度无从考究。

黄海基面:因采用青岛验潮站标高的时间和客观情况的不同,有以下名称。

1954 年黄海平均海水面:1954 年由中国人民解放军总参谋部测绘局(简称总参测绘局)在青岛观象山建立的国家水准原点,把青岛 1954 年黄海平均海水面作为零高程。1955 年山东省水利厅采用该基面引测黄河河口地区刁口站的高程,该站成为黄河流域使用黄海基面高程最早的测站。

1956 年黄海平均海水面:根据青岛验潮站 1950 ~ 1956 年 7 月完整的验潮资料,以计算的黄海平均海水面为零高程,1957 年国家测绘局在制定我国《大地测量法式》时,将该平均海水面命名为"1956 年黄海平均海水面"。由该基面引测总参测绘局在青岛观象山原点的高为 72. 89 m。

一、三角洲滨海区的高程控制点概况

三角洲区处于地形变化较为剧烈的地区,河流入海泥沙的沉积对三角洲区的陆地部分有影响,同时油田的逐年开采对陆地部分的影响也较为显著。

为了监测滨海区每年的冲淤情况,水利部黄河水利委员会(简称黄委会)在三角洲区分设了相当数量的水准点,每年的汛后对三角洲滨海区的水下地形进行监测。三角洲的水准点按等级分为二等水准点、三等水准点、四等水准点,二等水准点是首级高程控制点,

三等水准点为潮位站附近的四等水准点提供高程依据，四等水准点主要是为潮位站的水尺引测服务的。水准点的分布情况见图 2-1。

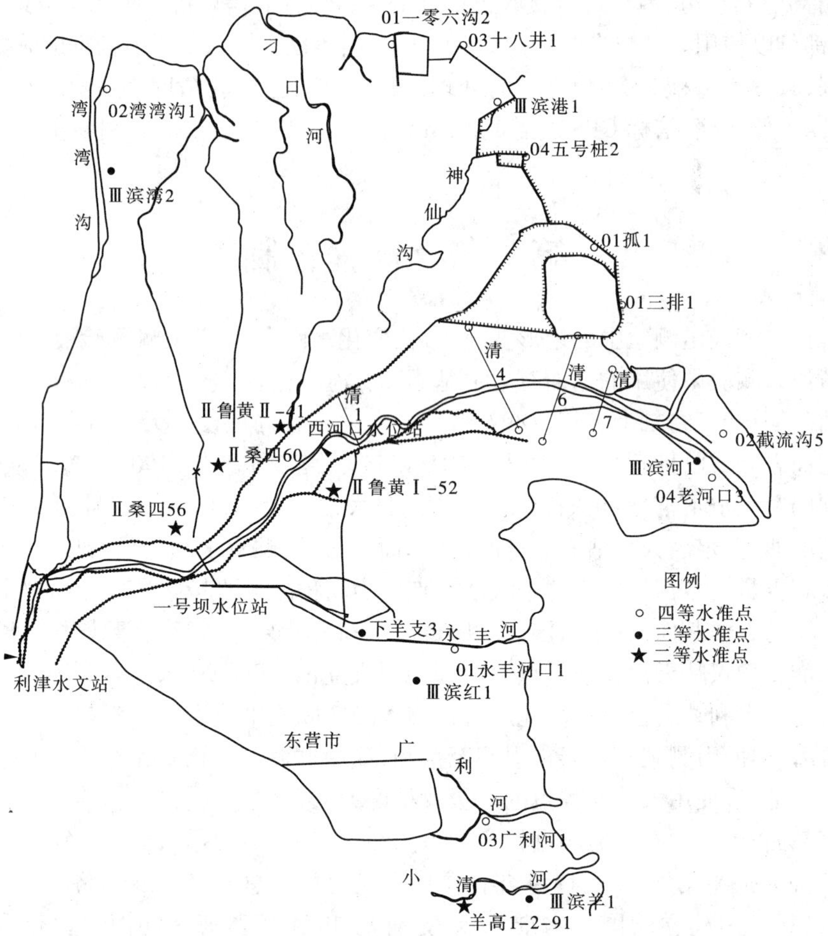

图 2-1　黄河三角洲区水准点分布图

2000 年以前，黄河三角洲区可使用的二等水准点主要有 6 个：Ⅱ桑四 56、Ⅱ桑四 60、Ⅱ鲁黄Ⅱ－41、Ⅱ鲁黄Ⅰ－52、下羊支 3、羊高Ⅰ－2－91。6 个点基本分布在黄河的两岸。近年来由于水准点所在地工程建设和房屋建设，致使高等级的水准点丢失，因此以往使用的水准点无法再继续使用，只能从其他点引测。

二、二等水准点变化情况

黄河三角洲滨海区的二等水准网经历了几次改造，由于水准点几经破坏，经过几次改造后能保存到现在的已经不多了。通过 6 个二等水准点的变化情况可以看出陆地部分的变化。

1969 年以前，黄河三角洲区已经测设了部分二等水准网，采用的是 1956 年黄海高程。1969 年 7 月 18 日渤海湾发生大地震以后，原测的水准点遭到不同程度的破坏。为了监测三角洲区水准点的变化情况，1977～1983 年，又对三角洲区的二等水准网进行了联测，1987 年国家改用“1985 国家高程基准”后，又对该区的水准网进行了概算。

随着我国经济建设的快速发展和水利工程建设的大量实施，黄河下游地区发生了巨大变化，加上地震和人为等因素的影响，三角洲区的水准点损坏、丢失现象非常严重，幸存的水准点也发生了不同程度的沉降，不能满足生产的要求，因此自 2002 年开始又对该区的水准网进行了改造。

（一）二等水准的测量方法

二等水准按分成的水准网进行测量，每个网都以精密水准环作高等控制。1959 年，河口区的二等水准网测量使用 N3 水准仪，铟钢尺，中丝读数，单程测量，依据国家测绘局和总参测绘局一、二、三、四等水准测量细则草案。2002 年河口地区二等水准网测量使用 DSZ1、DS1 两种型号的水准仪，两排分划的线条式铟瓦合金标尺，采用单路线往返观测，依据《国家一、二等水准测量规范》（GB 12981—91）。

（二）二等水准点的变化情况

根据历次的改造资料，收集了每次改造都利用的 6 个水准点，分别分析了各段的变化情况。6 个已知水准点位于黄河三角洲的宁海顶点以下，分布在黄河两岸。其中Ⅱ鲁黄Ⅰ－52 在黄河南岸垦利县黄河口镇生产村，下羊支 3 在东营机场附近，羊高Ⅰ－2－91 在羊口镇，其他 3 个点在黄河北岸利津县陈村镇。6 个水准点附近无采油区，也无较大的工程建设影响。

第二篇　黄河河口观测工作

新中国成立前，由于黄河河口地区人烟稀少，经济落后，而且尾闾河道处于不断地淤积—延伸—摆动—改道的变迁过程中，基本上没有开展过观测工作。新中国成立后，河口地区开发受到党和国家的重视，河口地区的工农业生产发展迅速，特别是1960年在河口地区发现大油田以来，经济发展更为迅猛。随着经济的发展对防洪及河口治理要求日益迫切，继而对河口观测工作也提出了要求，为此恢复了利津水文站。1956年建立了前左河口水文实验站，不断地开展了河口地区的水文观测工作。1963年王化云主任视察河口及前左河口水文实验站，对河口观测研究工作提出了三项要求：一是研究河口发展对下游河道的影响；二是计算分析河口泥沙淤积分布；三是研究在什么样的来水来沙条件下河口可趋于稳定。自此，河口观测工作方向更加明确，也为扩大河口观测工作打下了基础。1964年，河口水文实验站组建了浅海观测队，并正式对黄河三角洲附近海区进行观测和调查。

黄河河口的观测工作由三部分组成，即河流水文观测（包括利津水文站入海水沙过程监测、沿河各水位站观测）、河道演变观测、黄河三角洲附近海域和拦门沙河段的同步水文观测。

几十年来，黄河河口观测工作不断地发展和深入，汇集了大量的第一手资料，为河口治理及经济开发提供了技术支撑。

第三章　黄河河口河流水文观测

河流水文观测包括利津水文站入海水沙过程监测及沿河各水位站观测。

第一节　利津水文站基本水文观测

利津水文站为黄河入海的水沙控制站。该站系全国大江大河重要水文站，是黄河最下游一个水文站，主要任务是：控制黄河入海水、沙量，为黄河下游特别是河口地区防洪、防凌、水资源统一调度测报服务；研究和探索水文要素变化规律，为黄河下游河道治理、水沙资源利用以及黄河三角洲开发等收集水文资料。该站在黄河河口地区的治理开发及山东的经济发展中发挥着重要作用。

20世纪90年代以来，黄河水资源短缺，随着黄委会对黄河水资源实行统一调度和黄河调水调沙的相继开展，利津水文站的作用和功能更加显著。黄河口生态用水调度进入实施阶段后，该站在黄河防汛、抗旱、防凌、调水调沙、水资源统一调度、黄河三角洲治理等方面的功能和作用日益凸现。测验位置如图 3-1 所示。

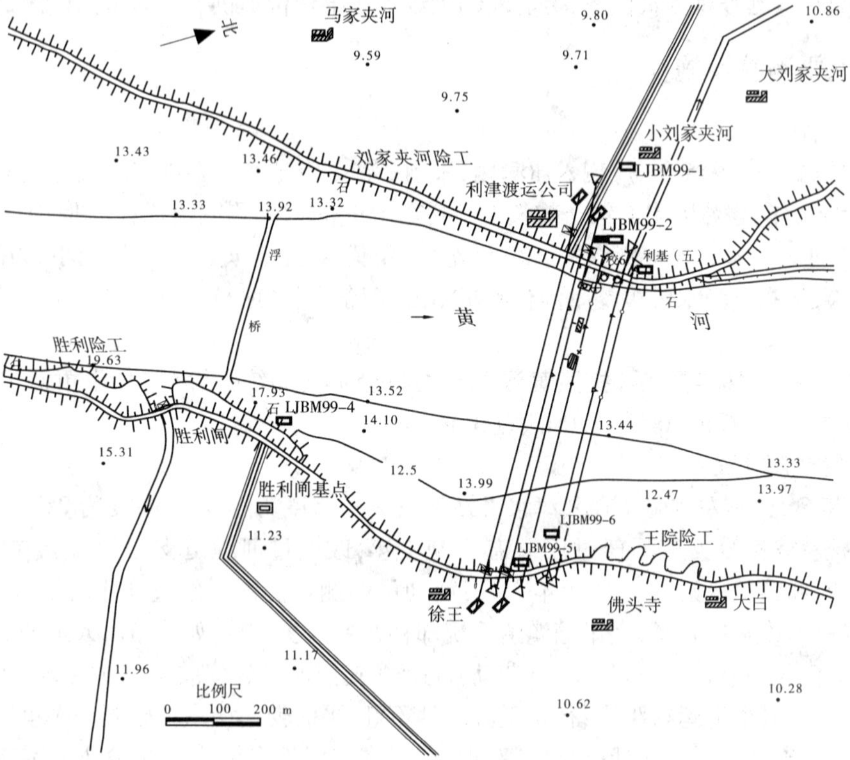

图 3-1　利津水文站测验河段平面图

一、测站沿革

利津站现设在山东省东营市利津县利津镇刘家夹河村，位于东经 118°18′，北纬 37°31′，距河口 104 km。该站由国民党政府黄河水利委员会于 1934 年（民国二十三年）6 月设站于右岸彩家庄。1937 年（民国二十六年）11 月因抗战停测。1950 年 1 月，经黄委会批准，复在左岸刘家夹河险工设站，属黄委会设立的流域性水文测验基本测站。测站断面位于险工 9 号坝，王旺庄枢纽工程截流后，于 1960 年 6 月站址迁至罗家屋子（当时称罗家屋子水文站）。1963 年 1 月迁回刘家夹河险工设立利津水文站至今。现归黄河水利委员会山东水文水资源局领导，下辖清河镇、张肖堂、麻湾 3 个水位站（原道旭水位站 1992 年经黄委会批准撤销）。

利津站常年测验项目有水位、流量、含沙量。1969 年起，该站又被定为冰凌观测试验站，为全国重点站之一。1972 年以来，该站先后利用自记水位和同位素泥沙测验技术，提高了测验效率和精度。1972～1981 年兼负责道旭至河口段河道淤积断面测验项目。

1999 年，黄委会开始实施黄河下游水量统一调度，该站作为黄河最下游水文站，处于黄河三角洲腹地，其测报精度和质量对调水的成功实施起着举足轻重的作用，被确定为省界断面。2002 年 12 月 1 日正式开始低水测验，在山东水文水资源局的指导下，积极开展低水测报精度研究，为水资源统一调度提供了准确的水文情报。

2002 年 7 月开始，根据上级要求，进行调水调沙专项测报。截至 2007 年，已连续完成了 7 次调水调沙专项测报任务，为黄河调水调沙效果评价提供了高质量的监测资料。

二、主要测验设施

(一)测船

自建站初期至 1965 年，应用木质测船，采用一锚一点法和一锚多点法进行流量、含沙量测验。1982 年，建站历史上第一艘长 14 m、宽 4 m 的钢板测船建成投入使用；1984 年再次配备长 10 m、宽 3.5 m 钢板船。20 世纪 90 年代末，由于黄河来水量较小，为配合吊箱低水测验，提高黄河水资源统一调度测报精度，配备了长度分别为 6 m 和 4 m 冲锋舟各 1 艘。

2001 年更新钢板船 2 艘，按照黄河水利委员会水文局统一编号，其中黄测 B107 长 14.5 m、宽 4 m，黄测 B110 长 11.0 m、宽 3 m。

(二)缆道测流设备

1965 年 8 月，前左实验站在利津水文站架设成功跨度为 650 m、高度为 25.6 m 双层拉线式铰接钢管简易支架吊船过河缆道。1991 年，改造过河缆道支架为自立式钢塔支架，新的吊船缆道投入运行。1992 年 6 月，增加吊箱测流功能。经过几年的运行实践证明，吊船缆道系统运行正常，而吊箱缆道系统却存在着诸多不足，如吊箱由人工手摇升降，不但测验时间长，贻误测验时机，而且劳动强度大；支架循环轮安装位置不合理，行车、吊箱笨重，加大了其水平运行阻力，行车受力条件不好；平时使用该吊箱施测一次单沙需1 ~ 2 h，施测一次流量需 3 ~4 h，既费时又费力，使得在凌汛期和枯水期测验非常困难，尤其在开、封河期水位变幅大和流速变化快的情况下，很难抓住测验时机，测验质量无法保证。为此，1999 年山东水文水资源局对该站水文测验吊箱缆道进行了改造。改造方案为：缆道系统运动采用水平运行和垂直升降分开操作，水平运行采用闭口式循环，在岸上用变频调速系统控制；吊箱升降在吊箱内完成，用蓄电池及直流电机作动力，其重点是将手摇升降吊箱改为电动、手摇两用吊箱。循环系统控制部分的改造是将原来的可控硅控制改进为变频调速系统控制；循环系统滑轮等进行重新设计。改造成功的吊船、吊箱测流缆道，其吊箱测流功能实现了质的飞跃，在山东测区得到推广。其特点有：起点距计数精度高，可达 0.1 m 以内；因为实现了变频调速运行和利用计数器测距，使吊箱在断面上某一位置的定位非常准确；采用直流电机作动力，高能电池作电源，故解决了采用输电线形式时因跨度太大而引起的电压降等问题；改造后的吊箱缆道系统故障率低，方便快捷，提高了测量精度和工作效率。

2002 年再次对电动吊箱进行改造，增加了遥控功能，使其更加方便、快捷。

为了提高吊箱测流安全性，2002 年建设上拉偏缆道 1 座。

吊船吊箱两用缆道断面布设情况见图 3-2。

(三)船用测流设备

新中国成立前，测站流量测验设备缺乏，最大测流能力只能测到 3 000 m^3/s，高水曲线延长达到 300% 以上。

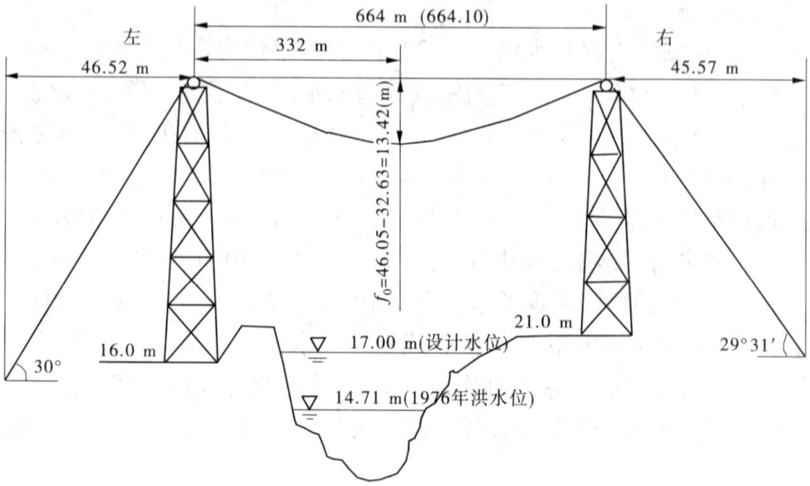

图 3-2　吊船吊箱两用缆道断面布设

新中国成立初期，断面起点距采用岸上经纬仪交会法测定，1956 年贯彻《水文测站暂行规范》后，基本水尺断面、浮标断面埋设了断面标志杆。1963 年，将木质标志杆更换为钢筋混凝土杆。

夜间测验照明设备是黄河下游测站普遍存在的棘手问题，20 世纪 50 年代初～70 年代，使用点篝火或捆马灯、电筒作为断面（基线）标志，船上照明使用马灯或煤油灯。20 世纪 70 年代后，该站安装了夜间测照明设备，船上采用蓄电池供电直流灯泡照明。20 世纪 90 年代，为了避免断面（基线）照明线路被盗现象的屡次发生，山东水文水资源局研制的太阳能直流、光控灯在该站成功使用，实现了高效、节能、安全的目标。

流量测验主要仪器为流速仪，新中国成立前后使用的旋杯式流速仪缺少防沙设备，不适宜黄河使用。至 1955 年改用 55 型旋杯式流速仪，防沙性能有所提高，配发数量增加。20 世纪 60 年代应用 25－1 型旋桨式流速仪，替代了 55 型旋杯式流速仪。20 世纪 90 年代引进 25－3 型旋桨式流速仪，其性能有所提高。

测深设备浅水区一直延用竹竿或木质测深杆，20 世纪 80 年代曾应用玻璃钢测杆，因加工困难、造价高而未能普及；深水部分 80 年代以前用测深锤，以后采用电动重铅鱼测深。

流速仪悬吊方式及铅鱼质量直接影响测验质量。新中国成立前后，无流速仪悬吊设备，测流时人工扶着悬杆，大流速时不易控制，且测验精度低。1953 年后，试制了木质水文绞车，但其悬吊能力低，致使悬索偏角大，影响了测速精度。1957 年后配发了仿苏涅瓦式水文绞车，可悬吊重达 100 kg 铅鱼，但与木质测船不配套，使用较少。1976 年配备钢质测船，使用手摇、电动两用重型水文绞车，其悬吊重量可达 300 kg，操作灵活，定位准确。1976 年以后的多次大洪水测验中，悬索偏角均未超过 10°。20 世纪 90 年代中期，山东水文水资源局研制成功了船用变频调速测流绞车，实现了水面、河底、测点信号自动传输，测速位置自动控制，并且与微机测流系统有串口连接，实现了半自动化测流。至今的几年中，不断进行技术改进，最终形成了目前比较成熟的船用测流系统，工作效率成倍增加。

（四）水位观测设施

建站以来，水位观测以直立式水尺为主，20 世纪 50 年代为木质水尺桩、木质水尺板，后改为木质喷漆水尺板；1962 年以后改为钢管或型钢水尺、搪瓷水尺板，并设立了永久性水尺一组 6 支，观测范围（水位）为 9.88 ~ 16.40 m。1967 年，该站在测区内率先建成虹吸式水位计，观测范围（水位）为 9.50 ~ 14.00 m。20 世纪 80 年代中期，改建为斜坡式（活动岛式）水位计，设计观测范围为 9.50 ~ 16.00 m。1998 年，国家重点站建设项目的实施，再次对水文测报设施进行了改造，该站引进并建成了 HW – 1000 型非接触式超声波水位计。该水位计利用超声波原理，实现了水位自动采集、自动传输、自动打印功能。2002 年 6 月在下比降断面建成 HW – 1000 型非接触式超声波水位计。后经改造升级，该水位计增加了水位资料整理功能，旬、月报表制作，水位过程线绘制等；增加 RTU 集成模块，利用移动通讯的 GPRS 网络实现了远距离无线传输。从此，水位测报进入了一个崭新的时代。

三、高程控制

1953 年以前利津水文站采用“青岛零点”高程系统，经黄委会同意，随山东测区一起统一为“大沽零点”系统。

1962 年山东黄河河务局测量队于 1963 ~ 1965 年测设了鲁黄Ⅰ（右岸）和鲁黄Ⅱ（左岸）二等水准路线（黄海高程系）。利津水文站以上述二等水准点作为该站的引据水准点，并应用 1974 年河道资料整编时核定的断面大沽黄海差值改算为“大沽高程系统”，高程系统趋于正规。1978 年后，该站对基本水准点、校核水准点、参证点进行了全面整顿，以石桩和钢管混凝土桩为主；2000 年 11 月，山东水文水资源局统一制作了基本水准点混凝土标石，该站共埋设其标石 6 座，高程控制更加规范。

四、水情拍报和通讯设备

利津水文站 1934 年设站后，开始用电报拍发流量、水位等洪水警信，报汛时间为自夏至日起至霜降日止。新中国成立后，该站于 1951 年恢复测报，利用山东黄河报汛网，拍报水位、流量、雨量等水雨情信息，采用水情电报与电话并用。1984 年起向收报单位分别用电报或电话发报，同时向滨州修防处和东营修防处报汛。2004 年，新的水情编码拍报办法在黄河水文推广，山东水文水资源局配备了报汛接收转发系统，至此该站应用新水情编码通过水情信息专用电话向山东水文水资源局水情室报汛，再转发国家防汛总指挥部和黄河防汛总指挥部。

五、测验项目及测验方式

（一）测验项目

利津水文站开展的测验项目有：水位及附属项目观测，流量测验，悬移质输沙率测验，悬移质含沙量测验，冰情观测，气温、水温观测等。

（二）测报方式

1. 水位

基本水位和比降水位观测采用非接触式遥测水位计与人工观测（标准化水尺）相结

合的方式。

2. 流量

低水应用吊箱测流，中高水应用测船测验，当达到一定流量，测船不能应用时，采用浮标法测流。吊箱及测船测流，均应用"流量、输沙率测验程序"记载、计算，测验完毕即可提交资料。

3. 输沙率

输沙率测验与流量测验相同，横式采样器取样，置换法处理沙样。

4. 含沙量

含沙量测验，使用横式采样器取样，置换法处理沙样。

5. 冰情观测

冰情观测时段为凌汛期（即自该年度的 11 月 20 日至次年 2 月底），观测项目为水温、气温、流冰花及密度、流冰及密度、岸冰厚度、岸冰宽度、封河、开河、冰坝等所有《河流冰情观测规范》（SL 59—93）中所规定的项目。其中气温观测应用自记气温计，其余为人工观测。

六、测站水文特征

（一）水沙运行基本特征

利津水文站测验河段属窄深型河道，水流一般在主槽内运行，当水位达到 14.50 m（流量 4 000 m^3/s 左右）时，右岸滩地开始进水，滩地过流较小，一般不超过总流量的 5%。当前河道边界条件下，泺口至利津河段洪峰削减率在 8% 左右。含沙量的横向变化程度小于流速，一般水、沙峰分布较为均匀。沙峰运行一般滞后于洪峰，洪水漫滩后沙峰有时超前或同行于洪峰。

利津河段系平原河流洪峰历时一般较长，涨落过程比较缓慢。小洪峰历时一般 4～6 d，中等洪峰历时一般 7～10 d，较大洪峰历时一般 10～20 d，如遇洪峰重叠历时更长。在整个洪峰过程中，峰前历时较峰后历时短，一般峰前历时约为峰后历时的 1/2。水位—流量关系变化的基本特性：水位—流量关系曲线低水时期由于受假潮、引水、冲淤、冰凌等因素的影响，水位流量相关点左右摆动、分布散乱；中、高水主要受洪水涨落和断面冲淤因素的综合影响，一般呈绳套曲线或单一线型。根据多年来共 89 次洪峰的统计比较，本站水位—流量、水位—面积、水位—流速关系曲线变化情况统计见表 3-1。

表 3-1　水位—流量、水位—面积、水位—流速关系曲线变化情况统计

洪峰次数（次）	洪峰类型	洪峰出现次数（次）								
		水位—流量			水位—面积			水位—流速		
		逆	单	顺	逆	单	顺	逆	单	顺
36	小（3 000 m^3/s 以下）	29	6	1	0	15	21	32	4	0
38	中（3 000～6 000 m^3/s）	10	20	8	0	7	31	30	8	0
15	大（6 000 m^3/s 以上）	0	6	9	0	0	15	13	2	0

注："逆"表示逆时针变化；"顺"表示顺时针变化；"单"表示单一曲线。

据分析统计，3 000 m^3/s 以上洪峰的水位—流量关系曲线，顺时针绳套占 32%，逆时针绳套占 28%，单一线占 40%。"82・8"和"96・8"两次洪水的水位—流量关系曲线均呈逆时针绳套。

利津水文站历年极值统计见表3-2。

表3-2　利津水文站历年极值统计

统计要素	极值	出现时间（年－月－日）	相应要素及说明
流量(m^3/s)	10 400	1958－07－25	13.76(m)
水位(m)	15.31	1955－01－29	1 960(m^3/s)
含沙量(kg/m^3)	222	1973－09－07	3 190(m^3/s)
水深(m)	9.3	1976－09－09	8 010(m^3/s)
流速(m/s)	5.12	1959－08－25	7 120(m^3/s)
径流量(亿m^3)	318.0	1950～2006	多年平均
输沙量(亿m^3)	7.79	1950～2006	多年平均

(二)高、中、低水各级水位时岔流、串沟、回流及死水情况

在较大洪水时，洪水偎在右岸大堤后，靠近右岸出现回流或死水，但回流区(或死水区)很小。在低水水位测流时，出现串沟，随水位上涨主流右移。2 000 m^3/s左右时，以河槽分，主槽在左岸；以流速分，主流在右岸。

(三)洪水测报标准

在现有测报设施设备正常运行情况下，按照规范和任务书要求，确保10 000 m^3/s以下各级洪水测次布置合理、水沙过程控制严密、测验质量高、水情拍报及时准确，尽最大努力测报好超标和异常洪水，确保各级各类洪水水位测报准确及时。图3-3为利津水文站2008年高水报汛曲线图。

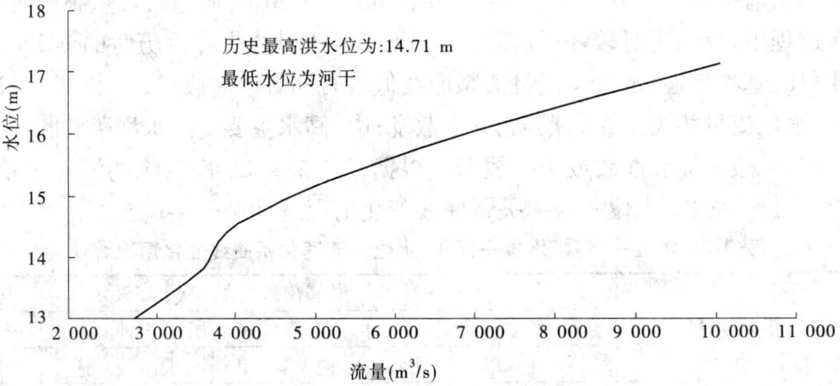

图3-3　利津水文站2008年高水报汛曲线

第二节　水位站观测

利津水文站以下至河口河段，黄河干流的重点报汛站有两个，即一号坝(二)和西河口(三)水位站,两站均为黄河下游的重要干流水位站,常年担负着为黄河河口治理和防汛、防凌、水资源调度提供情报及收集水位资料的任务。主要观测项目有水位、冰情、气温及附属项目。

一、一号坝水位观测

一号坝水位站由黄河水利委员会前左水文实验站设立于1951年1月,位于山东省垦利县垦利镇义和村,东经118°32′,北纬32°36′。

(一)水位观测河段的基本特性

1. 本站以上流域(区间)的地形、土壤、植被情况

断面附近两岸均系滩地,左岸滩地宽约1 500 m,种植小麦、大豆、高粱、玉米、棉花等作物。右岸水尺附近为险工,滩地较少。右岸断面以上滩地宽度为0.5~1.5 km,多为农田,作物与左岸同。

左岸王家庄以下至本断面为滩地,滩地宽度一般为2~2.5 km,红黏土较多,土地肥沃,适于种植农作物,右岸土地多为沙土、黑土,适于种植蔬菜等作物。

2. 测验河段内河床组成及水流特性

高水时洪水漫滩、淤滩刷槽,左岸滩唇淤积较快。高水时右岸险工着流,河床冲刷剧烈,形成深槽;中水时不出槽,左淤右冲,右岸险工着流,河床冲深,左岸为浅滩;低水时,右岸险工不着流,两岸均出现浅滩。滩槽均为沙质土,主槽内时有红淤泥。

3. 测验河段上下游河道特性

测验河段上下游各1 km左岸均为坡滩,右岸为深槽,并为一弯道凹岸。自水尺断面以上1 km往上至王庄闸河道比较顺直(河段长约8 km),再往上河道向南转弯。由于一号坝险工的挑流作用,水尺断面以下水流左摆,至西河口段略呈东北向。自水尺断面向上450 m及向下1 400 m为险工段,河紧靠坝头行流,流速较急。由于水尺设在坝间,因此经常有回流出现,对水位观测精度有所影响。

4. 水、流、沙变化主要特性

本河段属典型的宽浅河道。中水时洪峰从起涨到峰顶一般为12~16 h,涨率平均为0.01 m/h;落水时间较长,一般为78~180 h,落率为0.004~0.007 m/h。峰型矮胖。中、低水时假潮现象出现比较频繁,当假潮出现时,起涨很快,有时每小时达1 m以上。大水时,若上游不漫滩,本站峰型比较明显,若上游漫滩,则本站基本看不出峰型。

(二)测验设施

1. 测验变革

一号坝水位站建站以来,水位观测以直立式水尺为主。20世纪60年代以后改为钢管或型钢水尺、搪瓷水尺板,最初在油田泵房栈桥桥墩(灌注桩)上设立了永久性水尺2支,观测范围(水位)为5.00~15.00 m。1997年,建成钢筋混凝土灌注桩水尺一组5支,观测范围为7.30~16.00 m。

该站在1977年建成岛式水位计,观测范围(水位)为6.00~11.88 m;1978年2月改为电传水位计。1997年7月,国家重点站建设项目的实施再次对水文测报设施进行了改造,该站建成了HW-1000型非接触式超声波水位计,经1998~2000年比测试验,于

2000 年 5 月正式使用。后经改造升级,该水位计增加了水位资料整理功能,旬、月报表制作,水位过程线绘制等;增加 RTU 集成模块,利用移动通讯的 GPRS 网络实现了远距离无线传输。从此,该站水位测报进入了一个新时代。

2004 年,新的水情编码拍报方法在黄河水文测验中得到推广,山东水文水资源局配备了报汛接收转发系统,至此该站应用新水情编码通过水情信息专用电话向山东水文水资源局水情室报汛,再转发给中央防汛总指挥部和黄河防汛总指挥部。

2. 水位观测的高程控制

水位观测的高程引据点为三等水准点,首级控制点是二等水准点。表 3-3 为一号坝水位站高程控制情况。

表 3-3　一号坝水位站高程控制情况(基面:大沽)

编号	类型	采用高程(m)	等级	施测日期(年-月-日)	地点
04BM1	桥墩	16.148	3 等	2006-03-13	桥东南桥墩上
99BM2	混凝土桩	13.346	3 等	2006-03-13	大门口内侧西边
99BM1	混凝土桩	13.449	3 等	2006-03-13	大门口内侧东边
99 校 1	混凝土桩	12.110	4 等	2006-03-13	铁桥南头东侧堤角处

注:引据点为Ⅱ洛下 57(丙型);大沽高程为 9.122 m;地点为垦利县原复兴村小学院内。

二、西河口水位观测

西河口水位站始建于 1953 年,当时称罗家屋子水文站,黄河由神仙沟和刁口河入海,该站是最下游的水位控制站,为河口地区防汛及冰凌变化规律研究提供水文资料。由于河口段控导工程少,因此西河口附近河段河势极不稳定。

1976 年,黄河入海改道清水沟,改道点在原观测断面的上游,原断面不再过水,无法继续使用。经上级批准,于 1976 年 5 月 16 日将观测断面上移 5 km,并改名为西河口水位站,观测断面是西河口。1978 年 1 月河势发生变化,河道左滚,右岸出了比较大的嫩滩并有串沟,断面上水尺设置有困难,而且危及观测人员安全,经上级批准,将观测断面上移 1 100 m至护滩处,为西河口(二)断面,当时该处是险工,河势比较稳定,高、中、低水都能观测。1993 年 7 月,河道 CS6 ~ CS7 断面间的弯道自然裁弯,断面附近的河势又发生很大变化,原来的险工脱溜,河道右岸淤出 2 000 m 的嫩滩,并有多条串沟,低水时断面上已无法设水尺观测,观测断面只能随河势下移。由于河道不断左移,右岸滩地越来越大,低水水尺也只能随之下移,因此现在低水水尺已移到距原观测断面 1 000 m 的地方,尤其在 2002 年黄河首次调水调沙试验后主槽北移,低水观测危险大,精度非常低。2003 ~ 2004 年黄河第二、三次调水调沙试验后河势又发生变化,南岸不断塌岸,设立的水尺桩不断被冲走,十几天内塌岸宽度达 60 多 m,每天都需设立数根高水水尺,观测难度非常大。因此,该断面因河势不稳定,中低水已无法在原断面观测,高水水尺极易被冲走,观测难度也非常大,该站观测的水位资料代表性已不高。黄河水利委员会水文局批准于 2007 年 11 月 20 日迁站。

(一)测验河段的基本情况

1. 本站以上流域(区间)的地形、土壤、植被情况

西河口至一号坝区间,两岸筑有坚固的堤防,堤距上窄下宽呈喇叭状。行水河道偏右,左滩宽一般为1.4~4.0 km,右滩宽为0.5~2.0 km。因建有生产堤,致使滩唇部位抬高,而靠近大堤的部位最洼,形成二级悬河。其土壤状况:临近大堤的部位为红黏土壤,临河部位为沙质土壤,总的来说红黏土居多。两岸土质较肥沃,可种植农作物及蔬菜。

2. 测验河段内河床组成及水流特性

本测验河段属沙质河床,红黏土很少见。低水时水流归槽,两岸均出滩,无塌岸现象;中水时近乎平槽,左淤右冲,右岸着流,出现塌岸,河床冲深,左岸为浅滩,多为淤积;高水时,水位达8.80 m以上,两岸均开始漫滩,主槽冲深,左岸滩地淤积。

3. 测验河段上下游河道特性

西河口水尺断面以上到CS6河道断面(苇改闸)河道较顺直,靠右岸行流,CS6以上至渔洼断面有一小弯道,其弯道曲率很小,基本不对水流产生影响。自水尺断面向下至清加2断面为一反S弯道,此段自水尺断面开始主流摆向左岸,及至东大堤以下开始右摆,至清1(二)断面主流紧靠大堤行水。由于护林险工的挑流作用,使得清1(二)断面以下水流被挑回右岸。

4. 水、流、沙变化主要特性

本河段属典型的宽浅河道,一个洪峰过程历时一般为72~270 h,从起涨到峰顶历时一般为18~78 h,涨率平均为0.07~0.039 m/h,落水时间较长,一般为30~210 h,落率为0.004~0.008 m/h,峰型矮胖,如遇上游洪峰为复式洪峰或洪峰间隔很短,极易出现并峰现象。中、低水时假潮现象出现比较频繁,当假潮出现时,起涨很快,每小时可达0.3~0.7 m。因本河段宽浅,河槽蓄水量小,故一般水位超过8.80 m(相当于流量4 000 m^3/s)就开始漫滩。由于西河口下首有一弯道易于卡冰,因此凌汛期很容易封河。

(二)水位观测的高程控制

水位观测的高程引据点为三等水准点,首级控制点是二等水准点。表3-4为西河口(三)水位站高程控制情况。

表3-4　西河口(三)水位站高程控制情况(基面:大沽)

编号	类型	采用高程(m)	等级	施测日期(年-月-日)	地点
XHKBM07-1	混凝土桩	12.389	3等	2007-11-19	险工路东堤肩
XHKBM07-2	混凝土桩	12.165	3等	2007-11-19	险工路东堤肩
XHKBM07-3	混凝土桩	9.252	3等	2007-11-19	险工路东堤肩
07校1	混凝土桩	12.175	4等	2007-11-19	变压器西南角
07校2	混凝土桩	12.656	4等	2007-11-19	险工踏步北6 m
07校3	钢筋头	8.767	4等	2007-11-19	水位计台西南角

注:三等引据点为鲁黄Ⅰ-52;大沽高程为9.122 m;地点为垦利县生产村。

第三节　丁字路口专用水文站观测

2002 年,为配合小浪底水库调水调沙试验,黄委会在黄河口的丁字路口处设立了临时水文站,由利津水文站组织实施该站测报。该处地理位置偏僻,不具备测报条件,无生活、办公设施,工作环境十分恶劣。利津站职工拉去了两辆旧车厢做成板房作为生活和办公的场所,克服人员少、任务重、时间紧的困难,战高温、冒酷暑,在调水调沙试验前完成了各项准备工作。丁字路口临时水文站的测验吊船缆道本来拟租用胜利油田在该处建设的缆道,但该缆道在 2002 年 6 月 11 日被灭蝗喷药飞机撞毁。为保证调水调沙测报任务的顺利完成,山东水文水资源局经过研究,决定修复该缆道。黄河口水文水资源勘测局承担了这项任务,经过十几天的日夜奋战,于 6 月 26 日全部修复。

丁字路口站主要观测项目有水位、流量、含沙量、悬移质输沙率、河床质及泥沙颗粒分析等。该站从 2002 年 7 月 7 日 17 时开始观测,测得水位 4.4 m,流量 570 m^3/s;10 日 6 时出现调水调沙期间最高水位 5.70 m,相应流量 1 850 m^3/s;14 日 8 时出现最大含沙量 35.8 kg/m^3;19 日 16 时出现最大流量 2 450 m^3/s,但与最高水位不相应。本次调水调沙在该站的水位涨幅为 1.3 m,流量涨幅为 1 280 m^3/s。7 月 11 ~ 20 日大于 1 900 m^3/s 的流量在该站 10 d。20 日 8 时,洪峰在该站明显回落;21 日 8 时水位落至 3.97 m,相应流量 497 m^3/s;7 月 21 日停测撤站。据统计,该站 7 日 20 时 ~ 21 日 8 时,来水量 22.51 亿 m^3,来沙量 0.531 亿 t。

一、水位观测

(一) 水尺布设

水尺形式为直接观读式水尺。水尺观测范围为高于历年最高洪水位和低于历年最低枯水位各 0.5 m。每一水尺断面分级设置高、中、低水尺,各相邻水尺观测范围应有 0.2 m 的重合。

(二) 水尺编号

各水尺的排列次序编号为自靠近岸边的一支编起向河心顺序排列。水尺零点高程发生变化或水尺被毁等现象发生后,水尺如何编号,按水位观测规范要求编列。

(三) 水尺零点高程测量

高程基面仍使用大沽基面,引测水尺零点高程时要在较稳定的三等水准点上进行引测,水尺零点高程校测次数按水位观测规范有关规定办理。

(四) 水位观测时间和次数

(1) 观测时段。调水调沙开始前 1 日至结束的次日。

(2) 观测手段。直立式水尺人工观测。采用大沽基面,水尺零点高程应从稳定的三等水准点引测,校测次数执行《水位观测标准》(GBJ 138—90)的有关规定。

(3) 观测次数。无论水位有无变化,每日观测次数不少于 4 次,即观测 02:00、08:00、14:00、20:00 水位;水位日变幅在 0.2 ~ 0.4 m 时,每 2 h 观测 1 次;水位日变幅超过 0.4 m 时,每 1 h 观测 1 次;洪水涨落段及峰顶附近适当增加测验次数。

(4)水位过程线。及时点绘水位过程线,做到随观测随点绘,发现问题及时分析解决。

(5)观测记载断面平滩流量时的相应水位。

(6)原始资料。同时记载3份原始资料,其中2份在封面上注明“副本”。

二、流量测验

(一)测验断面布设

(1)流速仪测流断面应垂直于断面平均流向,偏角不超过10°。

(2)流速仪测流断面确定后应布设断面标志杆2根,使用12 m水泥杆,并在顶端装设边长0.8 m的三角和1 m长、0.8 m宽的方型标志牌(前端为三角标志、后端为长方型标志)。

(3)起点距采用六分仪交会法,布设基线时应使六分仪视线的夹角大于或等于30°,小于或等于120°。基线长度应取10 m的整倍数,用钢尺往返测量2次。基线的端点处设置12 m高的水泥杆,其顶部安装边长为0.8 m的三角形标志牌。

(4)在断面附近较高处埋设高程基点2~3个,其高程采用三等水准测定。

(二)断面测量

按《水文普通测量规范》(SL 58—93)进行大断面和水道断面测量。

(三)流量测验

1. 流速仪法测流

流量测验采用流速仪法测流。

2. 流速仪测流工作内容

(1)观测基本水尺水位。

(2)实测水道断面。

(3)在各测速垂线上测量各点的流速,必要时测量流向偏角。

(4)观测天气现象、测流段附近河流情况。

(5)计算、检查、分析实测流量及有关数据。

3. 测流渡河设备的建立

根据实际情况分别采用冲锋舟和机船进行测验,流速仪采用绞车悬索悬吊的方式。

4. 测速垂线及测点布设

(1)测速垂线数目。一般情况下测速垂线数目按水面宽确定,水面宽小于100 m时8条,大于100 m小于300 m时11条,300 m以上时13条。

(2)流速测线分布。一般情况下使用三点法测速,即在0.2、0.6、0.8 h处测速。但在特殊情况下,如水位涨落急剧或水深很小时,也可采用0.5 h一点测速。

5. 流量测验测次及测验时间

(1)测验时段。调水调沙开始前1日至结束的次日。

(2)测验次数。每日按常测法施测流量2次。

(3)流量测记。均使用流量测验程序完成。

(4)流量过程线。及时将实测流量点绘在水位过程线的相应位置,做到随观测随点绘,发现问题及时分析解决或复测。

(5)原始资料。同时打印3份流量测验记载计算表(含流速和断面分布图),其中2份在封面上注明“副本”,并拷贝相应资料软盘。

三、泥沙测验

(一)测验设备及测验方式

机动船或缆道吊船按2:1:1垂线混合法测验输沙率,单位水样含沙量采用“横渡五线半深法”布置垂线,等积取样,混合处理。

主要测验设备:横式采样器取样,量筒量积,天平称重。

(二)测次

(1)测验时段。调水调沙开始前1日至结束的次日。

(2)测验及颗分留样次数。单样:每日不少于4次(含输沙率相应单样);含沙量有明显变化时,增测验次,以控制完整的沙量变化过程。单样每5次留样1次作颗粒分析,较大沙峰在转折处分别留样,兼作颗分的沙样测验水温。输沙率:每日施测1次输沙率,输沙率测验加取河床质,测验方法同基本站。兼作颗分的输沙率同时测记水温。输沙率测次要根据沙情变化进行布置,控制含沙量的变化过程。输沙率留样3~5次作颗粒分析。

所留沙样于调水调沙结束后3日内一起送黄河水利委员会水文局技术处分析。要认真填写送样单,并注明“调水调沙沙样”字样。

(3)输沙率测记。均使用输沙率测验程序完成。

(4)原始资料。单样同时测记3份,其中2份在封面上注明“副本”;输沙率同时打印3份测验记载计算表,其中2份在封面上注明“副本”,并拷贝相应资料软盘。

(5)单样过程线。及时点绘单样过程线,并将实测输沙率点绘在单样过程线的相应位置,做到随处理随点绘,发现问题及时分析解决。

(三)过水断面测验

(1)测验时段。调水调沙开始前1日至结束的次日。

(2)测验次数。每日实测过水断面2次,借用流量测验的过水断面即可。调水调沙开始前及结束后2日内各实测大断面1次(以过水断面替代)。过水断面要单独整理装订。

(3)原始资料。同时记载3份原始资料,其中2份在封面上注明“副本”。

(四)水情拍报

(1)拍报时段。调水调沙期间。

(2)拍报次数。黄河防总:每日的08:00、14:00、20:00以临时站码向黄河防总拍报3次水情及实测流量。黄河水利委员会水文局技术处:次日9时前向水文局技术处上报前一日日平均水位、日平均流量,隔日上报日平均输沙率及日平均含沙量。

四、资料整编进度要求与提供的成果

调水调沙期间的水文泥沙观测资料要及时计算、分析整理,按要求完成在站整编工作,具体完成以下内容。

(一)完成时间

在站整编工作要随时进行,调水调沙结束后的5日内完成。

（二）完成内容

（1）有关各项原始资料和考证资料的校核、审查。

（2）点绘水位、流量、含沙量过程线及水位—流量、单—断沙关系图，推算瞬时流量和含沙量。

（3）完成实测流量、实测输沙率、实测大断面（调水调沙开始前和结束后 2 次）成果表的录入制作。

以上各项工作是在站应完成的 4 遍手续。

（三）集中整编及成果审查、复审

水文资料整编及成果审查、复审由局组织集中进行，在调水调沙结束后第 6 日开始，10 日内完成，并按以下要求提供各项纸介质和磁介质成果。自 7 月 5 日起，局属各单位陆续投入紧张的测报工作。在测报过程中，各单位严格按照签订的《调水调沙水文泥沙监测目标责任书》和测报规范，坚持“四随四不”制度。全体职工冒酷暑、战高温，克服工作和生活中的种种困难，特别是丁字路口临时水文站的职工，他们在蚊叮虫咬、高温流火的条件下，出色地完成了各项测报任务，受到上级领导、地方政府、新闻媒体的称赞。

第四章　黄河河口常规测验

黄河河口常规测验主要是黄河河口附近海区36个固定断面测量、河口段河道测验及河口段河势图测绘等。

第一节　固定断面测量

为了监测黄河入海泥沙淤积分布和滨海区水下地形演变状况，每年汛后要进行固定断面水深测量工作。

断面分布：黄河附近海区基本断面布设因各个时期观测任务、采用的观测技术不同，其要求也不同。由于在工作中缺乏经验，所以边实践、边改进，经过了一段摸索研究的过程。基本断面布设由简到繁，1959年在黄河河口附近海区大致垂直海岸方向测7个断面，了解水深和坡度。1960年开始测量水下地形，定位采用高寻常标及寻常标。同时，在黄河河口海区设立自制验潮仪3处。1964年基本断面布设进行整顿，沿海岸每2 km布设1个断面，测区范围以当时入海口为中心，南至神仙沟口，北至挑河口附近，长约40 km、宽10~20 km。测区外缘水深可达15 m。在新河口以东建造3座木质三角高标，测区东西各建潮位计1座，配合原有控制标志，基本可以控制测区的平面变化及潮位变化。1973年8月起，浅海区测量定位开始使用无线电定位仪施测，除测船上设有船台外，分别在无棣县埕口、寿光县羊口、黄县龙口各设1处设岸台，无线电定位仪的使用大大地提高了测量精度，同时使测线的距离不为传统六分仪视距的限制。

测验项目及测次：固定测深断面测验项目主要是测定测深点位置、测量水深及观测潮水位。潮水位观测是为了测量的水深进行潮汐改正。2001年以前，整个测区设置6个潮水位站，其分布为湾湾沟口、一零六沟、桩西海港、河口北烂泥、河口南烂泥、小清河口。2001年开始，潮水位站改为13个，其分布为湾湾沟口、二河、一零六沟、十八井、桩西海港、五号桩坝头、孤东验潮站、三号排涝站、新河口北烂泥、截流沟、清水沟老河口、永丰河口、广利河口（该站代替小清河口站，黄河口水文水资源勘测局经过两处潮汐观测资料对比分析，从潮汐类型、潮时变化看，两站相同，后经山东水文水资源局同意，从2001年起，小清河口不再设站，改在广利河口设站观测）。

固定测深断面测量，每年汛后测量1次。

一、测区概况

测区北起湾湾沟口，南至小清河口，共布设固定断面36条，其中1~8线为南北方向布设，9~13线为神仙沟故道尖岬处放射状布设，14~36线为东西方向布设，施测海域面积近6 000 km^2。在测验期间共设置潮位站13处，动用测船5条，出动测验人员20余人。

二、执行标准

(1)《海道测量规范》(GB 12327—1998)。

(2)《国家三、四等水准测量规范》(GB 12898—1991)。

(3)《全球定位系统(GPS)测量规范》(GB 18314—2001)。

三、外业测验情况

(一)测验前准备工作

(1)按规范要求,测量开始前对信标机进行了固定偏差改正数的测定,确定了不同测区的固定偏差改正数,其测定参照表4-1,即某年信标机固定偏差改正数测定。

表4-1 某年信标机固定偏差改正数测定

点　名	改正测线	信标机编号	改正数	
			ΔX	ΔY
老九井	1~17线	1530	-30.50	-63.53
		2014	-30.39	-63.95
		8288	-31.41	-64.41
孤东	18~23线	1530	-31.78	-63.82
		2014	-31.73	-63.69
		8288	-30.67	-62.77
防潮闸	24~36线	1530	-31.11	-64.47
		2014	-31.29	-64.41
		8288	-30.85	-64.46

(2)测深仪比测。声速值由经验公式计算,与实际水深进行比测后确定,同时在汛前准备期间,对各种型号测深仪进行了对比观测工作。

(3)仪器、设备。仪器:天宝Ag122GPS信标机2台,SDH-13D数字化测深仪2台,BATHY-500MF多频测深仪1台,Haida5.0导航测量软件2套,NA2水准仪1套,计算机2套。设备:深水测量船黄河86轮,浅滩双挂机船1艘,潮位观测船双挂机3艘。

(二)人员组织

根据作业的需要,合理安排测验小组。测验小组主要是深水测验组、浅滩测验组、潮水位观测组、后勤保障组。所有小组应统一指挥、统一协调。

(三)潮位站设置

测验中设置临时潮位站13处,即湾湾沟口、二河、一零六沟、十八井、桩西海港、五号桩坝头、孤东验潮站、三号排涝站、新河口北烂泥、截流沟、清水沟老河口、永丰河口、广利河口。其中,二河、新河口北烂泥潮位站的水尺零点高程分别由湾湾沟口和三号排涝站的潮面水准推求,其余潮位站的水尺零点高程由水准直测测定。十八井、桩西海港、孤东验潮站、三号排涝站为陆地观测站。潮位站位置由浅滩测线船定位。

（四）测验组织实施

（1）潮位观测自湾湾沟口—桩西海港应有连续3 d对比观测资料，孤东验潮站—三号排涝站—新河口北烂泥—截流沟—清水沟老河口应有3 d对比观测资料，老河口—永丰河口—广利河口应有3 d连续对比资料，这样安排潮位观测，基本上满足了用潮面水准校核水准直测测站的水尺零点高程的要求；各潮位站在其他时间只在水深测量时间同步观测。

（2）测线情况。黄河86轮定位天线安装在主桅杆中央，测深仪用角铁支架悬挂于左舷中央部位，入水深度大约1.2 m，工作室在驾驶台左侧工作间内，一人值班，测验时采用相应海区的固定偏差和适时声速值，测点间距按照3 min采集一个点位（基本控制1 km左右一个测点；大小船相互告知线头，做好测线对接，浅滩测至0.8 m水深，深水测至测线终点。

（3）水尺零点高程测量。由浅滩测量船负责施测，一般根据测量进度就近施测，同时在测量时间上，一般安排在有风的天气进行；共对11个潮位站进行了水尺零点高程测量。

（4）声速值由经验公式计算，与实际水深进行比测后确定。

（五）沿岸四等水准点校测

在滨海区水深测验完成以后，要对沿岸所有四等水准点进行新测、校测工作。

水准测量按四等测量规范执行，采用NA2水准仪、双面水准尺。

四、内业资料整理情况

（一）资料整理方案

按照传统方法完成了资料在站整理整编工作，即摘录水深、计算潮位、用分带法进行潮汐改正与水深计算，最后编制出断面实测成果表、绘制出断面比较图、计算出冲淤量以及对相关合理性检查资料进行统计计算。

1. *水尺零点高程的确定*

对于使用几何水准测定的水尺零点高程，按水准测量的有关要求进行水尺零点高程的推算；对于使用潮面水准推求的水尺零点高程，根据两个或多个潮位站观测的观测资料进行潮面观测平均值的计算，根据计算的结果推求待确定潮位站的水尺零点高程。

表4-2中列出了2004年各潮位站观测的平均海平面高程，该表基本上反应了在测验期间滨海区的潮汐变化情况，但同时也充分说明短系列潮位资料并不能真实反映滨海区的潮汐性质。

在该阶段完成的工作有四等水准高程高差表的编制及校核；水深摘录；水尺零点高程的推算、潮位计算以及潮位站考证簿的填写。

2. *潮汐改正*

在进行潮汐改正过程中，统计了2004年滨海区固定断面测验潮位站站位（见表4-3）和固定断面测线时间统计（见表4-4），表格反应了本年度滨海区测验的基本工作安排情况。

表 4-2　2004 年各潮位站观测的平均海平面高程

站名	同步观测日期(月－日)		观测历时(h)	平均海平面高程(m)
200401(湾湾沟口)	09－19	09－23	79	0.42
200402(二河)	09－19	09－23	83	0.38
200403(一零六沟)	09－19	09－23	92	0.38
200404(十八井)	09－19	09－23	91	0.4
200405(桩西海港)	09－19	09－23	90	0.39
200406(五号桩坝头)	—	—	—	0.47
200407(孤东验潮站)	09－26	09－30	92	0.48
200408(三号排涝站)	09－25	09－30	92	0.59
200409(新河口北烂泥)	09－25	09－30	98	0.58
200410(截流沟)	09－26	09－30	88	0.56
200411(清水沟老河口)	09－26	09－30	92	0.52
200411(清水沟老河口)	10－04	10－08	92	0.35
200412(永丰河口)	10－04	10－08	84	0.35
200413(广利河口)	10－04	10－08	74	0.27

表 4-3　2004 年滨海区固定断面测验潮位站站位

潮位站名称	相邻站距离(m)	潮位站坐标		经纬度	
		X	*Y*	北纬 B	东经 L
200401(湾湾沟口)		4219060.2	20624293.8	38:05:41.82	118:25:00.81
200402(二河)	17.3	4219973.9	20640430.3	38:06:02.94	118:36:03.46
200403(一零六沟)	17.1	4224429.8	20657510.2	38:08:17.25	118:47:47.68
200404(十八井)	8.06	4224223.8	20665595.7	38:08:05.37	118:53:19.35
200405(桩西海港)	4.15	4217948.9	20669749.3	38:04:39.20	118:56:04.44
200406(五号桩坝头)	6.19	4211779.1	20672718.4	38:01:17.19	118:58:00.84
200407(孤东验潮站)	10.2	4201585.0	20681344.0	37:55:40.72	119:03:44.99
200408(三号排涝站)	6.71	4194873.3	20684306.0	37:52:01.03	119:05:40.03
200409(新河口北烂泥)	7.17	4188758.0	20693832.3	37:48:35.74	119:12:03.60
200410(截流沟)	8.49	4179217.7	20698763.4	37:43:22.73	119:15:15.64
200411(清水沟老河口)	8.08	4172632.0	20699263.1	37:39:48.90	119:15:29.55
200412(永丰河口)	13.8	4157375.9	20669763.3	37:31:55.68	118:55:13.96
200413(广利河口)	20.1	4137304.8	20671083.1	37:21:04.15	118:55:50.94

在表4-3中列出了2004年滨海区所设置的13处潮位站的站位，并且分别使用北京1954直角坐标和经纬度两种形式来表示，同时在表中也计算出了各相邻潮位站之间的距离。

表4-4　2004年滨海区固定断面测线时间统计

月	日	时间	浅滩	深水
9	16	14:00～19:00		16线
	17	05:00～15:00		13、14、15线
	19	04:00～18:00	8线	7、8、9、10、11、12线
	22	06:00～20:00	1、2、3、4线	1、2、3、4线
	23	05:00～20:00	5、6、7、15线	5、6线
	24	06:00～21:00	16、17线	17、18、19、20线
	25	07:00～19:00	18、19、20线	
	26	08:00～10:00		21线
	27	14:00～23:00		22、23、24线
	28	04:00～15:00	21、22线	25线
	29	05:00～20:00	22－1、23、24线	
10	3	11:00～18:00	25、26线	26线
	5	05:00～19:00	27、28线	27、28、29、30、31、32线
	6	05:00～13:00	28－1、29、30、31、32、33、34线	33、34、35、36线
	7	08:00～16:00	34－1、35、35－1、36线	

该阶段资料整理工作完成了潮汐改正曲线图的绘制工作；潮位摘录、数据录入及水深计算工作。

3. 成果图、表的编制及冲淤计算

该阶段属于资料整理的最后一个步骤，断面实测成果表、水深断面比较图、冲淤量计算等成果资料以及测验工作报告和资料整理说明均由该阶段产生。

（二）初步审查

资料整理计算完成后实施单位要组织一次初步审查。审查的方式是对所有的资料进行抽查。抽查后应达到如下标准：项目齐全、图表完整、考证清楚、方法正确、规格统一、资料合理、表面整洁、资料无大错、所有资料错误率小于1/2 000。

（三）上交资料

1. 原始资料

（1）测深仪比测记载表。

（2）潮水位记载簿。

（3）测深仪记录纸。

(4)测深定位原始资料(深水)。
(5)测深定位原始资料(浅水)。
(6)四等水准点观测手簿。
2. 计算资料
(1)滨海区深水计算资料(深水)。
(2)滨海区浅水计算资料(浅水)。
(3)四等水准点高程和高差表。
(4)水深测量潮汐改正曲线图。
3. 成果资料
(1)断面实测成果表。
(2)实测断面比较图。
(3)固定断面冲淤体积计算表。
(4)潮位站考证簿。

第二节 黄河河口段河道测验

利津水文站是黄河下游距河口最近的一个水文站,因此一直以来黄河入海的水量和泥沙均以该站的观测资料为依据,亦把该站作为黄河入海水沙的控制站,因此利津以后的河道成为河口监测的一部分。河道监测的方法就是在利津以后的河道中布设一定数量的河道横断面,每年的汛前和汛后对这些断面进行测量,以收集该段河道的冲淤情况,为入海水量和泥沙的计算、河口的治理等提供基础数据。

河道断面测验的主要设施是用于河道断面测量,因此不同的测量方式将会决定河道断面设施的布设。

以前河道断面采用传统的测验方式,当时的主要断面设施是断面标志杆、基线杆、滩地桩、滩唇桩等。断面标志杆表示断面方向,滩地部分使用水准仪测量,因此需要滩地桩,水上定位使用六分仪后方交会法,基线杆就是用来后方交会用的。

一、断面布设

截至 1996 年 5 月,利津以下至河口共有断面 18 个,1996 年清 8 出汊以后,出汊以下的清 8、清 9、清 10 断面停止观测,最下游的一个断面为清 7。1998 年为了监测小浪库水库运用后对下游河道的影响情况,在山东段共加密布设了 18 个断面,其中 2 个断面在河口段。清 8 出汊后,由于入海区域没有河道监测断面,清 7 至口门近 20 km 距离为无控制区,无法计算泥沙的冲淤量,因此经黄河水利委员会水文局批准在清 7 以下设立汊 1 和汊 2 断面。2003 年,黄委会实施黄河下游测验体系建设项目,在该河道加密河道断面 23 个,至此,利津至河口断面共有 41 个断面,断面间距由原来的平均 5 km 减小为平均 2.5 km。

(一)断面布设的原则

在任一河段内布设断面时,应收集该河段以往的河势资料,深刻了解其演变情况及规律,尽可能避免由于河势流向的变化而很快地使该断面失去代表性。断面既经设置,不应轻易变动。

断面线原则上与平均流向垂直，但由于河道迂回曲折，高、中、低水位下又有所不同，因此确定断面线可按以下办法设置：

(1)断面线大致垂直于主流流向，设立时先在岸上目测流向，初定断面方位。然后在船上用细线系浮标或流向仪测出流向偏角，加以调整，从而认为大致与主流流向成正交时打入断面桩。

(2)如为相当长的顺直河段，其地形等高线走向对于平均流向具有代表性时，可以根据地形测量所测出的等高线来决定断面的方向，使断面线垂直于等高线的平均走向。

(3)如为游荡型河段，可使断面线垂直于主流经常游荡范围的总走向。

(4)两股叉河的流向不平行时，可根据较大一股的流向确定断面方向。

(二)断面出现异常情况的处理

断面设置以后，如由于河势流向的变迁，以致断面线不与通常的(指绝大部分的测次而言)平均流向垂直时，可以按以下情况处理：

(1)断面线虽不与平均流向垂直，但流向偏角不超过45°时，一般不予变动。

(2)流向偏角虽超过45°，但河势流向摆动频繁；目前流向偏角虽大，但还有恢复原河势的可能者，也不宜变动。

(3)流向偏角超过45°，并估计今后河势能稳定者或能肯定在一段较长的时间内稳定者，若由于流向偏角较大，施测断面困难时，可由站队提出意见，报请黄河水利委员会水文局批准后处理。

流向偏角超过45°而断面线方向仍不变更者，应于断面测量记载簿备注栏内和断面实测成果表内注明流向偏角。流向偏角超过45°时按黄河水利委员会水文局批准后的处理办法，可以一岸不动(不动的一岸最好为设有断面标志和基线标志的一岸)，将断面旋转一个角度，使断面线与平均流向垂直，并重新设置断面桩及断面标志，但原断面的永久性断面桩及编号等均应保留不变。变更断面方向的工作，应在一个年度的开始进行。

变更方向的断面在第一次测验时，应对变更方向的新断面与原断面同时施测，以使前后资料衔接。从第二次测验起便可只测新断面。

(三)断面桩的设置

(1)断面设置以后，应分别于每一断面两岸大堤断面端点及老滩沿或生产堤等处埋设三个以上的水准桩，作为固定断面方向之用。

(2)断面桩可根据测验河段的具体情况分别埋设石桩、混凝土钢筋桩和圆木桩，其各桩之规格按规范规定执行，这里就不再赘述。

(3)在埋设断面桩时，应使桩上的编号或刻字一律面向河流。

(4)各断面两端点桩必须埋设参证标志，其余断面桩可根据实际需要埋设参证标志。

(5)当断面桩遗失或损坏时，应按原来位置埋设、若不得已而变更原桩位置时，则应将变更时间、原因、变更后位置、附近地貌地物特征、与原桩关系以及其他有关情况，详细填写在考证簿修正报告书中。

(6)断面桩埋设完毕后，需办理托管手续。

（四）断面桩的编号

（1）断面桩编号应从全面和长远考虑，原则上须做到“一桩无两名，两桩不同名，时间能区分，关系应分明”，从而使所有断面桩清楚不乱，使用方便。

（2）断面桩编号应包括时间、岸别、序号等。如 93L5:93 表示设置时间为 1993 年，L 表示左岸（R 为右岸），5 表示该桩为本次设置的从河边算第 5 个桩。

（3）当原桩损坏，在原位重新埋设者，其编号为在原名后加“—*n*”。如 93L5—1 则表示 93L5 变动或被破坏而在原位重新埋设的新桩，如该桩又遭破坏，则又在原位重新埋设的桩为 93L5—2。

（五）断面标志杆的设置

（1）断面标志杆是在断面上进行观测工作时定位的标志，在每一断面上应视河面宽窄和操作情况，在一岸或两岸各设置两个断面标志杆。另根据漫滩、分流后的测量条件，酌情在滩地设置若干个辅助标志杆。

（2）同一岸的相邻两个断面标志杆的间距，应为由近岸标志杆到最远测点距离的 5% ~10%，但不能小于 5 m。

（3）标志杆的大小以在最远测点上看得清楚为准，不宜过大。

（六）基线设置

（1）基线起点桩一般可兼作断面桩（或断面起点桩），并兼作校核水准点。

（2）为了便于高、中、低水位不同情况下的断面测量，应在堤顶或滩地上设置高、中、低水位基线。漫滩部分测量的基线，应与滩地的断面标志结合设置。

（3）基线用复测法测定，并尽可能设置为垂直于断面线的基线，基线的起点应恰在断面线上。

（4）常用基线的测角必须是两个测回并有检查方向。

（5）基线的长度应使断面上最远一点的仪器视线与断面的夹角不小于 30°，特殊情况下也不得小于 15°。

（6）用六分仪交会的测站，布设的基线长度应使断面上任何位置的后视和前视在同一基线的起终点时，其两视线的夹角不小于 30°且不大于 120°。基线两端至近岸水边的距离不应小于交会标志高出枯水位水面高差的 7 ~8 倍。

（7）基线长度可用钢尺、竹尺或其他校正好的卷尺测量。测量时必须往返进行两次，其差数在不超过 1/1 500 时，可用往返测量长度的平均值作为基线长度，否则须重新测量。

（8）当基线端点不在固定桩上时，其基端距也要进行往返量距。

（9）基线设置后，如由于障碍物阻隔不便直接丈量基线长度时，可设置两个单三角形以正弦定律计算基线长度。如两次计算结果的差数不超过 1/1 500 时，可用两次计算结果的平均值作为基线长度，否则须重新测量计算。每个单三角形的设置须符合的要求：①三角形的每个内角均须大于 30°，小于 120°。②三角形三内角均须实测，其闭合差不得大于 45″。计算时可将其平均分配于三个内角，当闭合差不是 3 的整数倍时，以两个小角分配等值为原则，因小角的变化影响正弦对数较大。③三角形的基线丈量闭合差为 1/3 000。

（七）建立断面考证

断面布设以后应及时建立断面考证，按考证的格式逐项将断面的控制情况、断面情况、基线情况等填写清楚，并在以后遇到变动时及时在修改报告中注明。

二、传统断面测量

（一）一般规定

（1）滩地较宽的断面，为了今后进行滩地测量的便利，可每隔 500 ~ 1 000 m 打一直径 0.1 m、长 1.0 ~ 1.5 m 的木桩，桩顶钉一圆帽钉。此项木桩亦可作为其他项目测量之图根点。

每一断面布设完毕后，应往返量距求出两端点间的总距离以及滩地各断面桩之间的距离，并与用坐标所计算得到的断面总宽度进行比较，正确地确定该断面两端点桩之间的总长度。在已具备此项设置的断面进行大断面测量时，即可以此总长度及各断面桩之间的长度作为检查量距是否闭合的依据。此后，每次大断面测量，不论用何种方法所测的成果，陆上部分与水下部分的距离总和与断面总长度相差不超过 1/1 000 时，即可不必往返测量。此时，断面总距离及各木桩之间的距离不必改变，仍采用原值，否则应逐段检查找出原因重测。

各断面桩（包括端点桩）及校核水准点，均须用三等水准测出其高程；各滩地木桩用四等水准施测其高程。在已具备此项设置的断面，进行大断面测量时，高程测量可以逐段闭合，其闭合差在允许范围以内时，不必往返施测，否则须重测。

三等和四等水准测量的要求参照《国家三、四等水准测量规范》（GB 12898—1991）。

（2）每一断面上须有两个以上的断面桩（每岸端点各一个，其间视需要设置数个），并与三角点或导线点进行联测，按北京坐标系算出其纵横坐标。

（3）断面起点距一律以左岸端点为零，按从左至右的顺序计算。凡已经设置的以右岸端点为零点的断面，最好在点绘断面图时换算为自左岸量起的起点距。如果在点绘断面图时确实不便于换算者，须在大断面比较图上注明左、右岸，但新设断面时必须以左岸端点为零点。

（4）水道断面两岸两固定桩，如已与三角点或导线点进行了联测，可用坐标计算两固定桩之间的距离。如只一岸有控制时，可用两个单三角形测量并计算其间距。

（5）每一断面在各项基本布设（断面桩、基线桩、断面及基线标志、滩地木桩、校核水准点和固定桩等）完毕后，均须填写断面情况表。以后遇有变动要随时填写考证簿修正补充报告书。

（6）为了尽可能掌握河道的瞬时情况，水道断面测量要求按照统一规定的时间尽快地施测完毕，不允许断续施测，以减少断面冲淤变形的影响。

（7）每个断面两岸应分别力求有一组牢固可靠、使用方便的四等水准点。一般每 5 年与高级点联测一次，此期间若发现水准点有问题应随时与高级点联测。

（8）历年河道测验高程系统采用冻结大沽高程，因此经与沿黄两岸二等黄海线联测后，断面两岸黄海大沽差值不同。经历年资料整编后，现确定均采用一岸黄海大沽差。

（9）施测大断面时，固定桩的起点距如在限差 1/500 以内的，均填写原实测数值。若超限,应检查原因并进行改正。

(10)滩地人工开挖渠道和生产堤一律不测。

(11)一般主槽、滩地宽度起点距不再变动。如果滩槽界塌进河里必须变动位置时,不能平移,可固定一岸,另一岸延长。由于大堤增高加厚,使得断面的起、终点被埋在大堤内,应增设指示桩,以指示原起、终点的位置。

(二)断面测量仪器

断面测量使用的仪器主要有水准仪、六分仪等,水深测量使用测深杆和测深锤。

水准仪主要用于断面滩地测量,测量滩地地形点的高程及起点距。

六分仪主要用于水道测量时平面定位,通过测量架设在岸边的断面杆和基线杆的角度来计算测量点的起点距。

(三)传统方法断面测量

1. 量距

(1)断面方向瞄定时,应将经纬仪整置于终点桩或起点桩上,或其他位置适合的断面桩上,然后以起点桩或终点桩或较远的断面桩作为前视点,用经纬仪瞄线,用钢尺、竹尺或校正好的铅丝尺量距。

(2)滩地平缓处每 50 ~ 150 m 应有一测点,地形转折变化复杂处另外增加测点。测点分布应能控制地形的转折变化,准确测绘出断面的实际情况。所有测点均打入直径 3 cm、长 25 cm 的小木桩作为标志,并按顺序编号或填写起点距,以便于固定测点位置和水准测量时检查对照。

小木桩的距离只在初设时和每年第一次的测量时用钢尺或竹尺量距,平时在施测两断面桩间的地形点时可用经纬仪视距法测定。

(3)如遇串沟阻隔或稀泥滩滩面不能直接量距时,可布设临时基线,以经纬仪或六分仪测角求其间距,再累加以求其起点距。

(4)为了及时检查并纠正错误,在量距过程中,记录者应经常与拉尺者核对测钎数;每量完两个桩之间的距离应与原间距进行比较,发现错误,及时纠正,必要时返工重测。

(5)在断面设置后最初量距时,或断面桩、滩地木桩之间的距离尚未准确地测定前,不能进行距离闭合检查时,量距均应往返双向进行,其差数在不超过 1/1 000 时,可用往返距离的平均值作为其间的距离(各地形点的距离亦如此),否则应重新丈量。

2. 滩地高程的测量

(1)滩地高程可用五等水准施测。高程引据点可采用断面线上的三等或四等水准点(断面桩、校核水准点为三等水准,滩地木桩为四等水准)及其他临时水准点。测量时可由一个水准点起,闭合于另一个水准点,逐段闭合,逐段平差(按测站数),逐段推求各地形点的高程,以缩小误差数值的影响范围。

(2)如果由一个水准点起测不能闭合于另一个水准点上时,则应往返施测进行闭合,或用单镜双转法施测,不允许单程施测。

(3)如滩面沉陷而又甚宽,不能架设水准仪且又无法由前视测站间视时,允许用手持水准仪施测沉陷部分的滩地高程,但应在备注栏内说明。

(4)各小木桩只需间视其地面高程。各断面桩和滩地木桩均应按前视点测定其桩顶高程。不得以间视点测定。

(5)比较固定的河心沙洲可用跨河水准法在沙洲上事先设置高程桩。在高水淹没低水裸露的心滩上,根据测量时的水面高程引测心滩上各点的高程,或用三角高程法测定其高程。

(6)上次测量后至本次测量期间,凡滩地未上水部分不必重测。在绘制大断面图时可以借用上次的施测成果。但施测时的水边至前后两次测验之间曾经漫过水的部分必须施测,并须测至曾经达到过的最高水位以上。一般应当往返测量,将高程及距离闭合在一个最近的滩地木桩上,以便前后资料衔接。

如遇稀泥滩通行困难时,可用视距法测距,三角高程法测定高程,但同一测站必须变动一次仪器,观测两次,以为校核。

(7)各地形点距离以视距法测定,最大视距不得大于 500 m,距离误差不得超过 1/500。

(8)为了在洪水漫滩后,减少施测滩地高程的困难和及时了解滩地淤积情况,可在各个断面线上滩地部分每隔 100 ~ 300 m 打一直径 0.1 m 以上、长 1.0 ~ 1.5 m 的木桩作为淤积桩,用四等水准测出桩顶高程。当漫滩洪水归槽、滩地难以施测时,可采取量读桩顶距地面高度的方法,将桩顶高程减去桩顶至滩面的距离,即得该测点新淤滩面高程。

(9)滩地高程要求准确至 0.01 m。

3. 滩地桩的测设

(1)在滩地上每 500 ~ 1 000 m 应埋设一滩地桩,其滩地桩的测设按四等水准要求进行。

(2)滩地桩(包括四等水准点)在设置以后每年的校测应遵守的规定:①在进行滩唇桩校测时,各固定桩起点距一定要反应在记载表中,在进行大断面测量时,一定要校测各水准点的高程及起点距,当与原起点距相差符合《黄河下游河道测验技术规定》(试行)规定时,可只往不返;否则,应进行往返丈量并找出原因。②凡新设桩都要用钢尺往返量距,并有完整的量距记录。

4. 水道测量

测深垂线起点距的测定:测深垂线在断面内的位置应是测点至断面端点的水平距离——以起点距表示。测深垂线平面位置的确定,在船上用六分仪交会法或在岸上用经纬仪交会法测定。用六分仪交会时,仪器应与垂线尽量接近,两者必须均在断面线上。在特殊情况下,两者有一定距离(如测深在船左,六分仪测角在船右)时,起点距应进行必要的改正。

用六分仪交会法测量时,一般情况下在全部垂线上后视和前视应分别对准设在一岸基线两端的两个标志杆。当河面甚宽,两岸均设有基线和六分仪标志时,应在部分垂线上利用一岸的标志进行测量;而在另一部分垂线上利用另一岸的标志进行测量,以保持视线接近水平和交会角度均大于 30°而小于 120°。当换用基线时,应在 2 ~ 3 个测点上同时读取左右岸基线的交角以作校核。

另外,如工作便利,可用经纬仪在岸上交会。交会时,将仪器设在基线的终点桩上,后视基线起点桩后,再前视测线位置。前视时应注意使仪器望远镜的十字丝对准船上每一测深点所举标志，以口哨或旗语进行观测联系时，应以落旗为准。

由交会角度测定测深垂线的位置时，采用分析法进行。

(1)六分仪测角交会时用分析法计算的公式如下：

基线垂直于断面时(见图 4-1)

$$D = L \cdot \cot\theta + K$$

基线不垂直于断面时(见图 4-2)

$$D = L\frac{\sin(\alpha + \theta)}{\sin\theta} + K$$

或先算出 A 和 B 的距离，再用下式计算起点距。

$$D = A \cdot \cot\theta \pm B + K$$

在以上各式和各图中：XX' 为测验断面；P 为断面端点桩；a 为断面线上的基线起点桩；b 为基线终点桩的标志杆(六分仪照准标志)；c 为测深垂线位置；A 为基线标志杆 b 至测验断面的垂直距离(计算得)，m，其值为 $A = L \cdot \sin\alpha$；B 为基线标志杆 P 在断面 XX' 上至基线起点桩 a 的垂直距离，m，其值为 $B = L \cdot \cos\alpha$，当 $\alpha > 90°$ 时，B 距为负值；D 为自断面端点 P 至测深垂线位置的距离，称起点距，m；K 为位于断面上基线起点桩与断面端点桩 P 的距离常数，m，若基线起点桩与端点桩位于同一点时，则 $K = 0$；θ 为用六分仪在船上观测的水平角度(″)；α 为基线 L 与断面的夹角(在靠河流的一边)，可在事先测出；L 为基线长度，m。

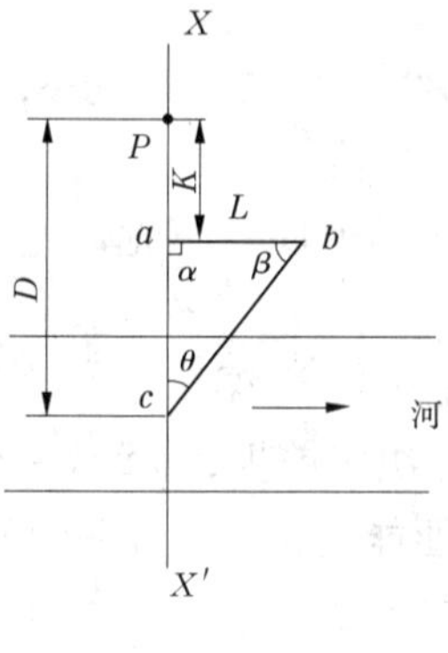

图 4-1　基线垂直于断面

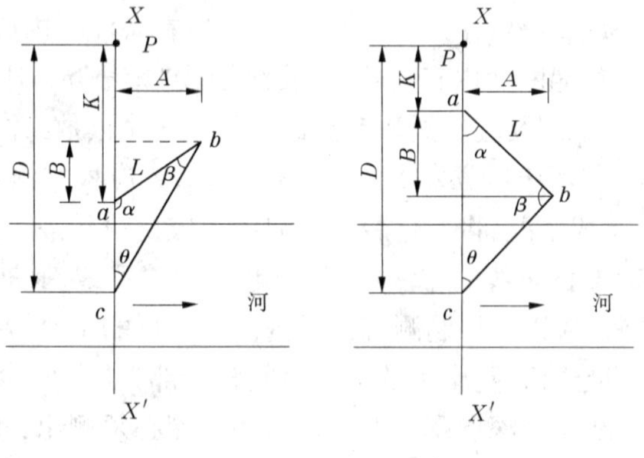

图 4-2　基线不垂直于断面

(2)经纬仪交会时，用分析法计算起点距的方法如下：

基线垂直于断面时，仪器在 b(见图 4-1)

$$D = L \cdot \tan\beta + K$$

基线不垂直于断面时，仪器在 b(见图 4-2)

$$D = L\frac{\sin\beta}{\sin(\alpha + \beta)} + K$$

式中：β 为基线与各垂线交会视线的夹角；其他符号意义同前。

(3)用六分仪施测垂线起点距时，在每次测验前都须对仪器进行检查校正。

(4)用经纬仪观测测深垂线起点距时，每次测验观测完最后一根垂线的起点距后，应将望远镜照准基线起点桩(后视点)进行校测。当测验历时较长时,应在观测当中做几次后视点校验。

5. 水深测量的相关规定

(1)水深在6 m以下,流速在3 m/s以下,应用测深杆测深,超过此限可以用铅鱼或测深锤测深。

(2)测深杆的刻度单位,应该使它能在不同水深下的水深读数准确至1%～2%,为此上部刻度可稀一些,下部刻度应该较密一些。

用测深杆测深,每次均应在其保持垂直的位置读数,其“测得水深”即为“实际水深”。

(3)系测深锤的测绳标志间隔,应使其能在水深不同的大多数垂线上,测深读数准确至2%～3%,因此上部标志可稀一些,下部标志应该较密一些。系测深锤和测读水深的绳可用麻绳,但事先应浸入水中2～3昼夜,取出后晾干。另外,也可用桐油浸透的旧蜡绳,晒干后系上标志。系标志时应在拉紧的状态下进行。每次测量之前,应将测绳标志尺寸用钢尺进行校对。

用测深锤测深,亦应在达到断面垂直的瞬间读取水深读数,其“测得水深”即为“实际水深”。

(4)水深测量时,每一垂线应连测两次,水深相差不超过1%～2%(用杆测深)或2%～3%(用铅鱼或铅锤测深)时,取其平均值作为水深数值,如果前后测得水深超过上述限度,则应重测。

若为不停船测深,允许测一次,但应在备注栏内说明。

(5)如遇断面内有大软石、胶泥埂或“帘子坑”时,除在垂线上测取的读数外,同时还应在其上下侧及左右侧0.5 m以内再测4个读数,并记载其平均值。

(6)若河床组成发生新的变化,测深者应根据测深工具接触河底的感觉向记录者报告河床组成情况,将变化后新的河床组成记载下来。

(7)测深垂线的布设:在断面上的测深垂线,其布设原则为:①测深垂线的数目和分布的位置,应以能控制测流断面内河床地形的主要转折变化为决定前提;②垂线一般可均匀分布,但主槽、陡岸边及河底急剧转折部分应适当加密,以便能正确地测出断面的转折变化;③断面最深点及最大流速点的水深必须测出;④在串沟(水浅、流速小、水面宽小于200 m的沟道)或独股水流上,测深垂线数目不得少于表4-5规定的一半;⑤在断面内有回流或死水区域时,应在顺、逆流分界线及死水边界线位置布设垂线。不同河宽,断面测量所必需的最少测深垂线数目如表4-5所示。当河床地形比较复杂时,应比表4-5列出的测深垂线数目适当增多。

表4-5　水面宽度布设测深垂线数目

水面宽(m)	<5.0	5.0	50	100	300	1 000	>1 000
最少测深垂线数目(个)	5	6	10	15	20	25	>25

(8)水道断面记载表中风向填东、西、南、北、北东、南东、北西、南西等,不填英文字母。施测号数填法如“统1”,实测水深如为一次,可填在Ⅰ栏内;河底高程须填写全部数

字，不能省略；水边不编为垂线号数。

(9)水边点起点距必须用六分仪和水准视距两种方法进行施测，其差值不得超过 5 m，在限差之内，取用六分仪交角所计算的起点距。

若视线不通，六分仪不能交角时，则水准视距必须往返施测，取其平均值。

(10)在洪水漫滩时，一般应测至洪水迹线以上的固定桩上，当测量有困难时应测至滩槽分界点。

(11)河心滩的出水高度用“—”表示，凡能用水准仪施测的较大河心滩均应施测。

(12)在大河水位测量困难时，若河心滩较小，串沟水位与另一岸大河水位相差等于或小于0.1 m时，可视为大河水位，取其平均计算河底高程。若在顺直河段，大河水位与串沟水位相差超过0.1 m时，应以大河水位为准计算河底高程。若在弯道上应作横比降改正。

(13)水道测深垂线数目及观测角度大小应满足规范要求。根据河道地形点的变化，若有多余的测点需舍去时，所剩测深垂线数目应满足规范的要求。当河底与水面相平时，平台一律不算河面宽。

(14)河床质垂线取样数目，河宽小于300 m时为5条，大于300 m时为7条。在水道断面内布线应力求大致均匀分布。不能在水边取样，应在离水边适当距离的河里取样。

(15)河床质沙样应用沙样袋或厚实的纸包好，每包沙样应有编号。鉴于近年来河床质取样垂线起点距错误较多的情况，要求沙样递送单中取样起点距，必须在原始资料经过“三遍手续”后填写，并注明取样日期、垂线号、起点距、水边起点距、取样方法等项。填写后经他人完成校核、复核三遍手续后报送。

(16)在填写沙样递送单时，大河水边、鸡心滩水边、大串沟水边及取样串沟水边，都应如实填写清楚。小串沟以及没有取样的串沟水边不要填写，鸡心滩上不要取样。

(17)凡属陡崖水边均应加地形点。

三、GPS-RTK 断面测量

GPS-RTK 定位技术是基于载波相位观测值的实时动态定位技术，是利用 GPS 进行河道断面测量的主要方式，通过手簿可以直接看到天线位置的断面偏移量，并能够实时地提供测站点在指定坐标系中的三维定位结果。在 RTK 作业模式下，基准站通过数据链将其观测值和测站坐标信息一起传送给流动站。流动站不仅通过数据链接收来自基准站的数据，还要采集 GPS 观测数据，并在系统内组成差分观测值进行实时处理。

(一)准备工作

GPS-RTK 断面测量的准备工作包括图上分析设计、参数求算、已知数据的输入以及流动站仪器设备的准备等工作。

1. 图上分析设计

图上分析设计包括参数求算区域划分设计和参考站控制点设计。

(1)参数求算区域划分设计。主要根据断面的布设情况和高级点的分布情况，按照一个断面不能用两套参数和每一参考站控制范围内不能有两套参数的原则，并尽量兼顾同一作业组一个作业时段内不进行变更参数的要求来划分。

(2)参考站控制点设计。该设计要在分析 RTK 数据链的覆盖范围和作业组合的基础上进行。首先,要保证断面每一个测点均在 RTK 数据链的范围内,如果某处距控制点过远,应加测高等级控制点,不留空白;其次,要保证同一个断面用一个参考站,当断面较长该参考站不能控制时,要保证一岸使用同一个参考站;再次,要根据具体的作业情况,适当调整优化参考站设计,使参考站搬迁对测验影响最小。

2. 参数求算

转换参数求解一般利用随机软件进行,按照均匀分布的原则在规定范围内选择控制点作为参数求算的已知点,最少不得少于 3 个点,然后求得该区域的坐标转换参数。

在求解参数时应注意以下几点:

(1)控制点的数量应足够。一般来讲,平面控制应至少 3 个点;高程控制应根据地形地貌条件,数量要求会更多(4 个或以上)以确保拟合精度要求。

(2)控制点的控制范围和分布的合理性。控制范围应以能够覆盖整个工区为原则,一般情况下,相邻控制点之间的距离在 3 ~5 km,所谓分布的合理性主要是指控制点分布的均匀性。

(3)控制点之间应具备相互位置关系精确的 WGS84 大地坐标(*BLH*)和地方坐标(*XYZ*),以确保转换关系的正确性。

(4)如果控制点为两个或更多个静态控制网,没有进行统一平差,则分别给出的大地坐标,不能被混合在一起来求地方坐标转换参数,因为一个网中的点和另一个网中的点的大地坐标,其位置关系可能不准确。因此,遇到这种情况或者是将两个网静态数据统一进行平差,或者只采用一个网的成果进行求参(在一个网控制点密度许可的情况下)。

3. 已知数据的输入

外业工作开始前,需将有关已知点的坐标和高程成果以及投影和坐标转换参数输入到测量手簿内。这些数据和参数可以手工键入,也可以通过计算机导入。输入内容及要求如下:

(1)新建测量任务。键入易于识别的测量任务名称,为避免重名、满足存档要求,可用断面代码作为测量任务名称。为了便于数据的内业加工处理,一般要求每断面每测次建立一个测量任务。

键入“投影”和“基准转换”参数,必要时键入“水平平差”和“垂直平差”参数。

为了获得精确的起点距数值,应将任务属性中的“坐标几何设定”项设为“网格”模式。

(2)输入已知点。键入 GPS 基点及断面端点的点名称、北坐标、东坐标、高程;根据输入的断面起点和终点,建立断面放样直线。

(3)测量手簿的配置。测前应先配置 GPS 测量手簿中基准站、流动站的天线类型及高度等,为便于以后发现问题,基准站天线的高度在配置中最好设为 0。

(4)校对。输入的数据、参数等必须经其他人严格校对无误后方可用于测量。

4. 流动站仪器的准备

在 RTK 作业前,应首先检查仪器内存容量能否满足工作需要,同时由于 RTK 作业耗电量大,因此工作前应备足电源。

为了检验当前站 RTK 作业的正确性,必须在一个以上的已知控制点上校测,当校测的结果在设计限差范围内时,方可开始 RTK 测量。

(二)GPS-RTK 测量的流程

1. 基准站和流动站的设置

在使用 GPS 进行 RTK 作业时,需要进行基准站和流动站设置。设置基准站的目的有两个:其一是给基准站位置信息,以供 RTK 的计算使用;其二是给基准站接收机和基准站电台发出实时转发载波相位观测量的指令。设置流动站的目的是给流动站接收机及内置的电台发出接收基准站电台信息的指令。

2. 校桩

所谓校桩就是在基准站和流动站设置完成以后,流动站到附近的已知点上进行校测。当接收机初始化完成以后,即可进行校桩。在测定坐标和已知坐标相差符合要求后,流动站就可以进行测量了。一般要求在开始和结束时均进行桩点校测工作,当测量时间较长或测量断面较多时,根据测量情况适当进行校桩。

校桩资料作为正式提交数据记录在测量文件内。

3. 断面测量

1)滩地测量

滩地测量为流动站在陆上部分的采点工作,其测点密度按照河道规范的有关规定执行,作业人员在仪器初始化并校桩正确后,方可进行测点的观测。

2)水位观测

在水边打一木桩或临时观测桩,用 GPS-RTK 连续观测 3 次,以测定其桩顶高程。当观测桩顶高程互差小于 0.03 m 时,采用中间观测值作为桩顶高程。桩顶高程减去桩高,求得水位,两岸水位差小于 0.1 m 时,取平均值作为计算水位。

3)水道测量

水道测量采用测船作为水上运载工具,GPS-RTK 测定其测点起点距,利用测深杆或测深锤进行水深测量。

在水深较小能涉水测量时,便可直接进行水道的 GPS 数据采集,但必须进行水边测量和水位测量。

4)资料检查导出

每天外业观测工作结束后,应及时通过控制器(测量手簿)对测取的数据进行检查,删除不需要的地形点等,修改不正确的要素代码,然后在对实测数据检查无误的基础上,将所测断面的数据导入到 TGO 软件中。导入前需先创建项目,每断面创建一个项目。一个断面由几台仪器施测时,可一并导入到一个项目中。

(三)注意事项

(1)在测量过程中,如果卫星失锁,应等待重新初始化,初始化完成后再继续测量。

(2)在进行断面测量时,滩地偏线距不得大于 1 m,水道偏线距不得大于 3 m。

(3)测量时要求天线杆保持垂直。

(4)为获得准确的地形高程,流动站天线杆不应使用底端为尖状的,应使用平底型的。

(四)数据后处理

1. 数据检查、分析

根据精度要求和实际情况以及 GPS 的功能和精度,在测量手簿中分析数据,查看是否满足技术规定的要求,检查点属性等是否齐全、正确。

2. 重测与补测

当一个点或一组点成果经检查达不到设计或规范要求时,必须进行重测或补测。重、补测应按原设计方法和精度要求进行。

3. 数据下载

RTK 数据下载一般使用接收机随机配备的商用软件(如 TGO),将测量手簿记录的有关测量任务(Job)按断面分别下载至软件新建立的不同项目(Project)中。

4. 编辑与输出

数据文件下载后,可根据不同的需要编辑输出格式,或制成 GIS 数据源产品,提供 GIS 数据库使用;或按河道数据库管理系统的入库要求输出所需的数据格式和文件类型。输出数据应包括点名、北坐标、东坐标、要素代码等信息。

(五)GPS-RTK 断面测量应提交的资料成果

(1)参数求解 GPS 校正报告(纸质)和断面考证一道参加年终资料审查和归档;

(2)所有 GPS 原始文件和数据处理成果文件磁盘;

(3)断面测量原始资料(磁盘和纸质);

(4)河道断面测验要求的其他资料;

(5)技术总结。

四、全站仪断面测量

(一)仪器设置

全站仪在首次使用前,应进行必要的设置。除用来完成不同的测量任务外,一般不需要改变设置。

1. 系统日期和时间

设置日期格式(日 - 月 - 年或月 - 日 - 年)、时间的显示方式(12 h 制或 24 h 制),调整日期和时间。

2. 用户模板

设置不同的用户模板是为了适应不同的测量需要。可定义多种用户模板以备随时调用,如无特殊要求也可选择不同的标准模板进行相应的测量。用户模板包括记录模板、显示模板以及单位、数字位数等其他设置。

1)设置记录模板

在用户记录模板中,最多可以定义记录 12 项数据。

根据河道测量数据库管理系统对数据处理的需要,全站仪测量需记录的项目和顺序见表 4-6。

2)设置显示模板

在用户显示模板中,最多可以定义显示 11 项数据。主要显示在测量过程中需要经常参考的项目(如水平角、水平距、垂直角、测点高程、高差)、需要经常变动的项目(如棱镜高、各种注记)及其他需要现场使用的项目等。

表 4-6 Leica 全站仪河道测量记录设置一览表

序号	行号	项目	中文说明	备注
1	11	Point no.	点名	
2	21	Hz	水平角	
3	32	Horiz. Dist.	水平距	
4	71	Remark 1	注记1(起点距)	自定义
5	83	Elevation	测点高程	
6	86	Stn. Elev.	测站高程	
7	87	Refl. Height	棱镜高	
8	88	Inst. Height	仪器高	
9	22	V	垂直角	
10	72	Remark 2	注记2(测点属性)	自定义
11	19	Time	测量时间	
12	73	Remark 3	注记3(测站名称)	自定义

(二)外业测量

(1)可以用全站仪进行滩唇桩和滩地桩的校测,但必须按照规定的程序进行,操作程序参照《军用电磁波测距高程导线测量规范》(CHB 2.9—95)的要求执行。

(2)断面测量可以用全站仪按照三角高程测量,其仪器站点应为滩唇桩、滩地桩或经过特殊测定的 GPS-RTK 测点(测点打木桩,连续测定 3 次,距离互差不超过 0.1 m,高程互差不超过 0.03 m,取中间观测值),同时用钢尺量测仪器高;当仪器站点不是已知点时,可以用已知点反算仪器站点的起点距和高程,但必须校桩且连续非控制点设站不得超过 3 站,最后必须闭合于已知点。在测量过程中,通过已知点时,应当进行校测。

(3)可以用全站仪进行水位引测,当仪器架设在已知点上时,可以直接进行水位观测,水边桩测量 3 次,互差在限差之内时,取中间观测值作为本岸水位。当仪器架设在非已知点上时,应进行校桩,校桩符合要求后再进行水位观读,观测要求同已知仪器站点相同。

(4)在水深较小时,允许棱镜直接涉水测量,但应按照规定施测左右岸水边起点距和水位,同时按照规范要求控制好水道的测深垂线数量。

(5)地形测量时应使用底端为平底形的棱镜杆。

(6)基线可以用全站仪观测,基线长度可以直接用全站仪测距 2 次,分别作为往返数据填在基线设置表中,角度观测和检查角观测以及其他项目仍按照规范规定的要求进行。

(三)全站仪测量数据处理

(1)测量结束后,要及时进行数据处理并及时备份,同时检查各项限差是否符合要求。

(2)原始资料提供数据盘和纸质原始记载表各一份。

五、GPS-RTK 与测深仪联机模式水道断面测量试验

目前,黄河下游河道测验仍然采用人工打深,测深工具主要是测深杆和测深锤。测深杆一般由木、竹、玻璃钢等材质加工,杆上标有分划刻度。根据不同需要测深杆可有多种长度规格,最长可达 8 m。选用何种规格的测深杆一般根据水深情况而定,有时也会因人而异。测深锤为铅制,铅锤上固定有伸缩性较小的测绳,分别每隔 0.5 m 和 1.0 m 固定一彩色布条,但间隔0.5 m和1 m 所用布条的颜色不同。一般水深超过 5 m 或者无法使用测深杆测量时即采用测深锤测深。比较而言,测深杆的测量精度要优于测深锤,因此凡是能使用测深杆测量的情况就要尽量避免使用测深锤。

水道测量的船上定位方法主要有六分仪交会法、GPS-RTK 定位法和全站仪测距法 3 种。六分仪交会法是采用航海六分仪交会断面线与基线的夹角,通过固定公式计算测点起点距;GPS-RTK 定位法是直接人工读记 GPS 测量手簿实时显示的断面起点距;全站仪测距法是在岸上已知点上架设全站仪,在测船上放置反射棱镜,通过测量已知点至测船的距离计算测点起点距。

传统测深方法存在很多弊端:

(1)测深杆和测深锤在工程过程中受风浪、水深、流速等客观条件影响较大,故测深精度难以保证。

(2)测深杆或测深锤所测水下地形不连续,转折变化处很难准确施测到,因此影响冲淤计算的准确性。

(3)人工测深存在诸多随意性和不确定性因素,人为因素对水深精度影响很大。测深是一种集力量、技巧和经验于一体的技术工种,即使从事该项工作多年的技术人员有时也难免会出现打深不垂直或读数错误,特别是在深水区一个测点要连续施测几次才能成功,长时间的抛铅锤打深既影响工作效率又迅速消耗体力,从而会对测量精度造成不良影响。另外,数据的手工记录有时也难免会出现错误。

(4)测点的测深与定位两者协调性差,难以人为控制,在时间和空间上不容易同步,因而会造成定位点与测深点间的偏差。

(5)现行测深方法与目前快速发展的科技水平、“三条黄河”的建设要求以及数字化和信息化的发展趋势极不适应。

为此,黄河水利委员会山东水文水资源局于 2006 年 8 月向黄河水利委员会水文局提出了“黄河下游河道测深技术应用研究”申请,经黄河水利委员会水文局审查过后正式立项,开展该项目的比测试验。

(一)本项目研究采用的方法

应用数字测深仪,在黄河下游选定的有代表性的河道断面上与传统测深方法进行对比测量。通过连接水上导航软件,数字测深仪和 GPS-RTK 联合作业,由软件实时、准确、自动记录测点点号、坐标、水面高程和水深等数据,并同步生成数据文件。数据记录间隔可按时间(最小 0.5 s)也可按距离(最小 1 m)控制,既可设置为自动记录,也可设置为手

动打标。每一测点的水深使用测深仪和测深杆同时进行测量，并记录两种测深方法的同步结果。测深仪数据自动记录，计算机实时显示测点号、位置及水深；测深杆数据由手工记录，同时读取、记录相应的测深仪定位点号，以便于事后进行对比。

比测的条件选择在不同流量级、不同含沙量级、不同水深区域等条件下进行。比测的含沙量环境一般分四级进行，即 $<5\ kg/m^3$ 含沙量级、$5\sim10\ kg/m^3$ 含沙量级、$10\sim20\ kg/m^3$ 含沙量级和 $>20\ kg/m^3$ 含沙量级。各含沙量级均安排一定测次。通过对比测量数据的分析，得出数字测深仪在黄河下游河道测量上的应用条件、环境和精度指标，尤其是确定测深仪的适用含沙量范围。

（二）测深仪与传统测深方法对比测量

1. 选定断面

比测位置选择了黄河下游泺口河道断面。该断面宽度适中，水深变化幅度大，代表性较好，且与泺口水文测验断面为同一断面，比较容易收集水沙资料，便于根据水沙变化情况及时、合理地安排比测时机。同时，比测可以使用泺口水文站测船，该测船为缆道吊船，稳定性较好，便于同一测点的水深对比。

2. 测量依据

（1）《黄河下游河道观测试行技术规定》（黄河水利委员会，1964 年）；

（2）《水道观测规范》（SL 257—2000）；

（3）《全球定位系统（GPS）测量规范》（GB/T 18314—2001）；

（4）《GPS、全站仪河道测量操作规程的研究》（黄河水利委员会山东水文水资源局，2003 年）。

3. 使用仪器

比测使用的测深仪主要是无锡海鹰 SDH－13D 数字测深仪，部分测次采用了中海达 HD－27 全数字单频测深仪；使用的 GPS 是美国天宝 5700RTK 型 GPS；比测使用的软件是南方“水上工程软件——自由行”和中海达“海洋测量导航软件 v5. 95”。

使用仪器具有以下特点：

（1）SDH－13D 数字测深仪。测深量程为 0. 34～123 m，测深精度小于 0. 4% ±5 cm，该测深仪集先进的数字信号处理——DSP 技术、水底跟踪门技术于一体，其标准的 RS232 串口使仪器可以和计算机通讯。

（2）HD－27 全数字单频测深仪。测深范围 0. 3～600 m，测深精度 ±2 cm +0. 1%，分辨率 1 cm，配专用防水型计算机，软件控制增益，全自动操作测深。

（3）美国 Trimble 5700 GPS 接收机。性能稳定，其 RTK 的平面精度为 $(1+1\times10^{-6})$ cm，高程精度为 $(2+2\times10^{-6})$ cm，具有 99. 9% 的初始化置信度，可以 100% 地保证测量质量。

4. 比测时机与测次安排

由于项目开展期间，黄河来水来沙量较小，大多数时间的含沙量均小于 $10\ kg/m^3$，给比测工作造成很大困难。因此，本项目组经常关注黄河下游水情沙情，抓住了小浪底水库的几次适于水深比测的排沙时机，共实施比测 32 次，完成了各含沙量级的对比测量计划。

为了保证比测成果的准确性，尽可能排除不利客观因素的影响，在以下情况下不进行比测:流速、流量过大,不利于比测的实施时;水深较大,很多测点即使使用8 m测深杆也无法施测时;风浪较大,测船不好稳定,影响测深杆人工准确读数时。

本项目的比测选择在不同流量和不同含沙量级下进行。比测根据测深环境分4级进行,即:<5 kg/m³ 含沙量级、5~10 kg/m³ 含沙量级、10~20 kg/m³ 含沙量级、>20 kg/m³ 含沙量级。由于平时黄河河道测验一般在小于1 000 m³/s 的流量时进行,因此比测多数在该流量下进行,也适当安排了大于1 000 m³/s 流量的对比测次。各含沙量级对比测次详见表4-7。

表4-7 各含沙量级对比测次统计

项目	含沙量级(kg/m³)			
	$C_s \leq 5$	$5 < C_s \leq 10$	$10 < C_s \leq 20$	$C_s > 20$
测次	10	4	9	9
合计	32次			

5. 比测过程

1)仪器设置

(1)启动GPS基准站。在已知点上架设基准站,按一般GPS-RTK测量要求,配置好仪器,在当地坐标系下正常启动基准站。由于GPS断面测量文件(*.job)已实行模板管理,因此只需复制一个相应断面的模板文件即可,文件中已包含已知点的坐标、高程,椭球、投影和基准转换参数等数据,无需手工键入。

(2)配置GPS流动站。按一般GPS-RTK测量要求配置船用流动站,流动站的测量文件同基准站。

(3)设置水上导航软件。导航软件的设置主要包括:在水上导航软件中新建任务或工程,选择北京1954坐标系及相应椭球参数,键入投影参数及与GPS基站和流动站相同的基准转换7参数。连接好测深仪和GPS,在仪器配置里选择所连接的仪器型号和相应端口,并按要求正确设置端口参数和GPS数据格式。坐标记录类型选直角坐标,测深仪声速、数据记录格式、探头吃水及其他设置按实际情况和需要设置。GPS卫星天线安装在测深仪换能器(探头)安装杆顶端,由于GPS与测深点位于同一垂直线上,因此只需进行天线高度改正,不作位置偏移改正。

测深导航任务或工程,可制作成模板文件,每断面一个,使用时复制即可,以节省时间、减少出错率。

2)换能器安装

换能器固定在测船的一侧,尖头逆向流向;尽可能保持换能器安装杆处于垂直、稳定状态,防止出现松动摇晃现象。吃水一般定在0.5 m,以方便测深仪在不搁浅船只的情况下最大限度地发挥作用。但换能器要求不得高于船底,以免产生气泡影响测深的准确性。

3)仪器校测及水深校准

(1)岸上已知点校测。为了防止仪器设置的人为错误,水深开始测量前,必须对已知点进行校测。基准站启动后,流动站首先要对岸上的已知点进行校测,校测符合规定限差后方可进行船上的测量项目。

(2)船上两种测量结果的对比。在GPS卫星天线安装在换能器安装杆上,且GPS和测深仪均与导航软件相连接的情况下,使用GPS流动站的手簿测量程序施测当前换能器所在位置的水面高程,同时启用测深软件施测当前换能器所在位置的水面高程,然后将两种测量结果相比较,如互差符合规定要求,便可进行下一步的水深测量。

(3)水深校准。将测船锚定在流速较小、水深最好不超过3 m且河底较平坦的岸边或其附近,以保持测船稳定。启动导航测深软件进行测深,同时使用测深杆进行人工打深。人工打深力求准确,可反复几次,位置尽可能接近换能器,读数要求尽可能精确到1 cm。然后,将两种测深结果相比较,互差控制在5 cm或仪器标定精度限差以内,如果超出,则检查测深仪的吃水、声速和GPS天线高度等数值设置。

4)船上人员分工

为使比测工作有条不紊地进行,对测船上的比测人员进行了严格分工,具体如下:

(1)测深导航软件操作1人。负责软件的设置;开始测量时启动软件记录数据,结束测量时关闭记录操作;观察测量过程中测量数据的变化有无异常;每测点人工打深时读报软件中数据文件的相应点号,以便事后进行水深对比分析。

(2)人工打深1人。负责人工测深,尽可能地保证测深的准确性。

(3)记录1人。负责记录水温、声速以及人工打深者报出的水深数据和软件操作者读报的相应测深仪同步测量点号。

(4)测船操作2人。负责测船安全、平稳、匀速行驶。

(5)其他1人。负责换能器安全,保持观察,保证换能器不受异物撞击、水草缠绕;测量水温;协助人工测深。

5)水深比测

使用数字测深仪,通过水上导航软件连接具有RTK功能的GPS,可以直接得到测深数据文件。数据文件包括日期、时间、点号、坐标、水面高程、水深、卫星数量及状况等数据。数据记录间隔可按时间也可按距离,为了详细了解水深的变化过程,便于分析情况,本项目的大部分对比测量测次按时间间隔记录数据。

在对比测量的同时,还记录了当时的流量、含沙量、水温以及测深仪声速等数据。当对比测量与泺口水文站测沙时间相差较大时,单独采取沙样进行处理,以准确掌握相应测次含沙量情况。

比测过程中,当测深杆施测水深数据与测深仪施测结果相差较大(一般超过0.10 m)时,应重新测量,以便消除人工测量和读数错误。

每比测完一个断面测次,要及时对比测数据进行处理分析,计算测量的各项误差。比测全部完成后,对全部数据进行分析,对测深精度进行评定,分析含沙量对测深仪应用的影响,得出测深仪的适用环境以及在黄河河道测量中的应用条件等结论。

由于比测期间,黄河下游大多数时间的来沙量较小,因此给比测带来很多困难。即使小浪底一度排沙,不是因为流量和水深过大而不适宜比测,就是因为含沙量日变化过大和较大含沙水流来去匆匆而不好安排比测时机。尽管如此,测验人员还是充分利用小浪底水库的几次排沙过程,合理安排测次,完成了4个含沙量级的对比测量计划。

测深仪比测期间经历的最大含沙量是2006年9月7日17:00的28.5 kg/m^3;而2006年8月7日17:00测深仪不能正常工作时泺口站16:00的实测含沙量为26.2 kg/m^3,20:00的实测含沙量为39.1 kg/m^3,据此可以推断单频测深仪的测深含沙量临界值应该在30.0 kg/m^{3}附近。

(三)比测数据处理

1. 数据的一般处理

导航软件记录的数字文件一般是文本文件,经数据格式变换后可直接用于电子成图或导入数据库进行各种计算和成果输入。在河道断面测量中,还要先导入现行"黄河下游河道数据库管理系统"软件中进行起点距和河底高程计算,得出如表4-8所示的测量成果,然后再入库进行断面数据的整理、计算和各种成果的输出。

表4-8　泺口(三)断面测深仪水道实测成果　(单位:m)

点号	北坐标	东坐标	起点距	水面高程	水深	河底高程
1	4065989.915	498832.320	1 390.37	26.53	7.43	19.10
2	4065992.566	498831.452	1 387.61	26.54	7.47	19.07
3	4065994.971	498831.179	1 385.19	26.55	7.52	19.03
4	4065997.807	498831.254	1 382.41	26.58	7.53	19.05
5	4066004.650	498830.634	1 375.57	26.60	7.59	19.01
6	4066008.164	498829.444	1 371.90	26.57	7.57	19.00
7	4066013.497	498829.097	1 366.59	26.53	7.46	19.07
8	4066022.961	498827.212	1 356.94	26.54	7.08	19.46
9	4066032.764	498825.626	1 347.01	26.61	6.55	20.06
10	4066047.314	498822.575	1 332.15	26.58	5.61	20.97
11	4066067.689	498822.280	1 312.04	26.57	4.23	22.34
12	4066092.166	498815.038	1 286.67	26.50	2.93	23.57
13	4066112.511	498809.086	1 265.61	26.54	1.90	24.64
14	4066123.178	498803.454	1 254.14	26.50	1.36	25.14
15	4066126.692	498800.676	1 250.21	26.48	1.20	25.28

注:测次:01;施测时间:2006年7月10日;数据文件:LN17;基面:1956黄海。

2. WGS-84坐标下测量数据的处理

1)使用WGS-84坐标的情况

WGS-84(World Geodical System-84,世界大地坐标系-84)坐标系是目前GPS所采用的坐标系统,在无任何转换的情况下GPS可以直接测得WGS-84坐标。

水上导航软件的定位坐标,一般情况下使用1954年北京坐标系或1980西安坐标系的直角坐标。选择使用WGS-84坐标系的经纬度坐标的情况可能有两个:一是因为测量项目要求使用WGS-84坐标系;二是因为有的国产导航软件存在与进口GPS基准转换参数不匹配的问题，如果使用国家坐标系可能会出现测得的定位坐标与实际数值不相符，而使用软件的单点校正功能可能会造成系统误差。在这种情况下，选用 WGS－84 坐标系进行测深定位成为最佳选择。

2）数据、文件格式转换

WGS－84 坐标可以通过 TGO（Trimble Geomatics Office，天宝测量办公软件）转换成当地坐标系的直角坐标。但是，国产导航软件测得的 WGS－84 经纬度坐标数据为冒号分割格式，需要转换为度分秒格式后才能被软件接受。

国产导航测量软件记录的测量文件有 *. dat 文件、*. sod 文件等，均为逗号分隔的文本文件。现以中海达海洋测量软件的 dat 文件为例介绍数据格式的转换方法，其转换目标格式为地方坐标系。dat 文件的数据主要包括点号、时间、纬度、经度、PDOP 值、卫星数量、大地高、水深基准面改正值、水深等。以文本方式打开的 dat 文件数据格式见图 4-3。

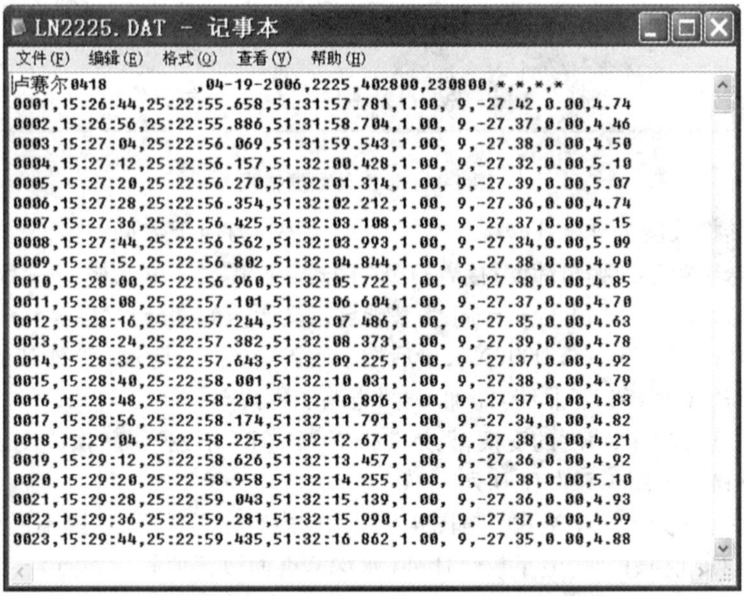
LN2225. DAT - 记事本
文件(F) 编辑(E) 格式(O) 查看(V) 帮助(H)

```
卢赛尔0418            ,04-19-2006,2225,402800,230800,*,*,*,*
0001,15:26:44,25:22:55.658,51:31:57.781,1.00, 9,-27.42,0.00,4.74
0002,15:26:56,25:22:55.886,51:31:58.704,1.00, 9,-27.37,0.00,4.46
0003,15:27:04,25:22:56.069,51:31:59.543,1.00, 9,-27.38,0.00,4.50
0004,15:27:12,25:22:56.157,51:32:00.428,1.00, 9,-27.32,0.00,5.10
0005,15:27:20,25:22:56.270,51:32:01.314,1.00, 9,-27.39,0.00,5.07
0006,15:27:28,25:22:56.354,51:32:02.212,1.00, 9,-27.36,0.00,4.74
0007,15:27:36,25:22:56.425,51:32:03.108,1.00, 9,-27.37,0.00,5.15
0008,15:27:44,25:22:56.562,51:32:03.993,1.00, 9,-27.34,0.00,5.09
0009,15:27:52,25:22:56.802,51:32:04.844,1.00, 9,-27.38,0.00,4.90
0010,15:28:00,25:22:56.960,51:32:05.722,1.00, 9,-27.38,0.00,4.85
0011,15:28:08,25:22:57.101,51:32:06.604,1.00, 9,-27.37,0.00,4.70
0012,15:28:16,25:22:57.244,51:32:07.486,1.00, 9,-27.35,0.00,4.63
0013,15:28:24,25:22:57.382,51:32:08.373,1.00, 9,-27.39,0.00,4.78
0014,15:28:32,25:22:57.643,51:32:09.225,1.00, 9,-27.37,0.00,4.92
0015,15:28:40,25:22:58.001,51:32:10.031,1.00, 9,-27.38,0.00,4.79
0016,15:28:48,25:22:58.201,51:32:10.896,1.00, 9,-27.37,0.00,4.83
0017,15:28:56,25:22:58.174,51:32:11.791,1.00, 9,-27.34,0.00,4.82
0018,15:29:04,25:22:58.225,51:32:12.671,1.00, 9,-27.38,0.00,4.21
0019,15:29:12,25:22:58.626,51:32:13.457,1.00, 9,-27.36,0.00,4.92
0020,15:29:20,25:22:58.958,51:32:14.255,1.00, 9,-27.38,0.00,5.10
0021,15:29:28,25:22:59.043,51:32:15.139,1.00, 9,-27.36,0.00,4.93
0022,15:29:36,25:22:59.281,51:32:15.990,1.00, 9,-27.37,0.00,4.99
0023,15:29:44,25:22:59.435,51:32:16.862,1.00, 9,-27.35,0.00,4.88
```

图 4-3　文本方式打开的 dat 文件数据格式

从图 4-3 中可以看到，经纬度数据格式为冒号分隔方式，如 0001 号点的纬度是 25:22:55. 658（第三字段），经度是 51:31:57. 781（第四字段）。该数据格式无法导入到 TGO 软件中进行坐标转换，也不便于数据的编辑和计算，因此需要导入到 Excel 中进行格式变换。

（1）将原始文件转换成 *. xls 文件。在数据文件上按右键，在打开方式上选 Excel 程序打开文件，然后用 Excel 的“分列”功能分列；或直接将文件的扩展名改为 xls，然后打开文件。打开的 xls 文件数据格式见图 4-4。

从图 4-4 可以看出，由冒号分隔的经纬度坐标“度”数值已不显示，点击 C2 单元格（1 号点纬度），编辑栏显示的是时间格式“1900－1－1　1:22:56”，意思是 1900 年 1 月 1 日 1 时 22 分 56 秒，而原坐标数值应是 25:22:55. 658。

（2）经纬度数据格式转换。为了满足 TGO 软件导入的格式需要，必须将冒号分隔的

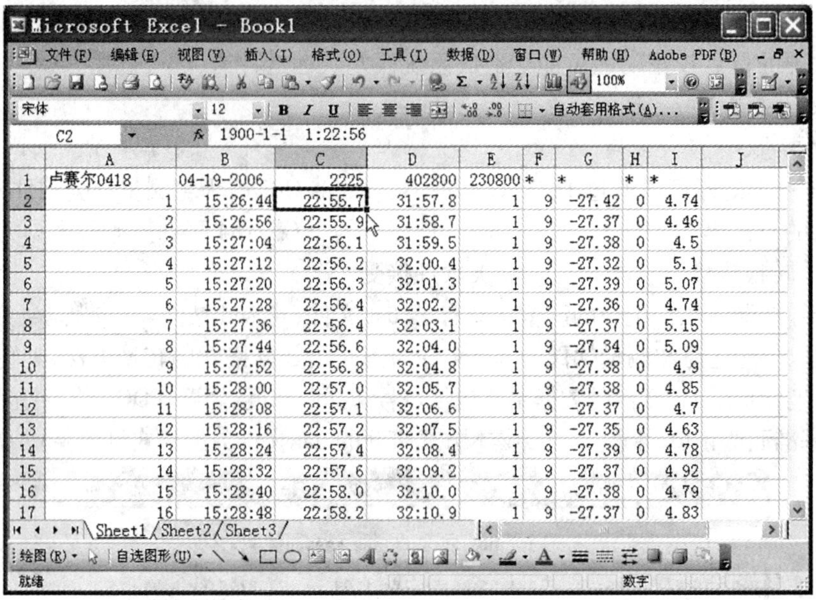

	A	B	C	D	E	F	G	H	I	J
1	卢赛尔0418	04-19-2006	2225	402800	230800	*	*	*	*	
2	1	15:26:44	22:55.7	31:57.8	1	9	-27.42	0	4.74	
3	2	15:26:56	22:55.9	31:58.7	1	9	-27.37	0	4.46	
4	3	15:27:04	22:56.1	31:59.5	1	9	-27.38	0	4.5	
5	4	15:27:12	22:56.2	32:00.4	1	9	-27.32	0	5.1	
6	5	15:27:20	22:56.3	32:01.3	1	9	-27.39	0	5.07	
7	6	15:27:28	22:56.4	32:02.2	1	9	-27.36	0	4.74	
8	7	15:27:36	22:56.4	32:03.1	1	9	-27.37	0	5.15	
9	8	15:27:44	22:56.6	32:04.0	1	9	-27.34	0	5.09	
10	9	15:27:52	22:56.8	32:04.8	1	9	-27.38	0	4.9	
11	10	15:28:00	22:57.0	32:05.7	1	9	-27.38	0	4.85	
12	11	15:28:08	22:57.1	32:06.6	1	9	-27.37	0	4.7	
13	12	15:28:16	22:57.2	32:07.5	1	9	-27.35	0	4.63	
14	13	15:28:24	22:57.4	32:08.4	1	9	-27.39	0	4.78	
15	14	15:28:32	22:57.6	32:09.2	1	9	-27.37	0	4.92	
16	15	15:28:40	22:58.0	32:10.0	1	9	-27.38	0	4.79	
17	16	15:28:48	22:58.2	32:10.9	1	9	-27.37	0	4.83	

图 4-4　xls 文件数据格式

经纬度坐标转换成度分秒格式坐标。其步骤为：首先，为便于数据编辑，删除第一行标题数据；然后，选中第三列编辑纬度；接着打开“格式”菜单，在“单元格”→“数字”→“自定义”窗口中，以原有类型“[h]:mm:ss”为基础自定义所需的度分秒数据格式，将[h]:mm:ss 格式编辑成[h]“°”mm′ss.000“N”；最后按“确定”。注意：除度(°)外其他所有符号均须用西文字符，°(度)和 N(北纬)需加引号，省略″(秒)。

经度的变换方式同纬度的变换，只是要把 N 换成 E(东经)。转换成度分秒格式的纬度、经度数据格式见图 4-5 的 C、D 列。

(3)文件另存为 *.csv 格式。对图 4-5 所示的内容进行编辑，删除不需要的 B 列(时间)、E 列(PDOP 值)、F 列(卫星数)、H 列(水深基准面改正值)，保留点号、纬度、经度、大地高、水深五列。然后，另存为逗号分隔的 *.csv 文件格式。转存后的 *.csv 文件，打开后数据格式如图 4-6 所示。

从图 4-6 可以看出，转换成 *.csv 文件格式的经纬度数据，用鼠标点击后编辑栏出现的已是正确的度分秒格式。而在文件格式转换前，尽管单元格显示的是度分秒数据格式，但点击单元格后，编辑栏出现的仍是时间格式(见图 4-5)。

数据格式和文件类型转换完成后，下一步需要做的是将 WGS-84 坐标系的经纬度坐标转换为当地坐标系的直角坐标。

3)坐标系统转换

为了把 WGS-84 大地坐标的北纬、东经、大地高数值，转换成 1954 年北京坐标系统下的北、东坐标和高程数据，需要将图 4-6 中的 *.csv 文件导入到 TGO 软件中进行转换。步骤如下：

(1)新建 TGO 项目。数据导入前，先建立 TGO 项目，选择相应的坐标系统、输入相应的基准转换参数；也可以借用或复制相应参数已有的 TGO 项目。

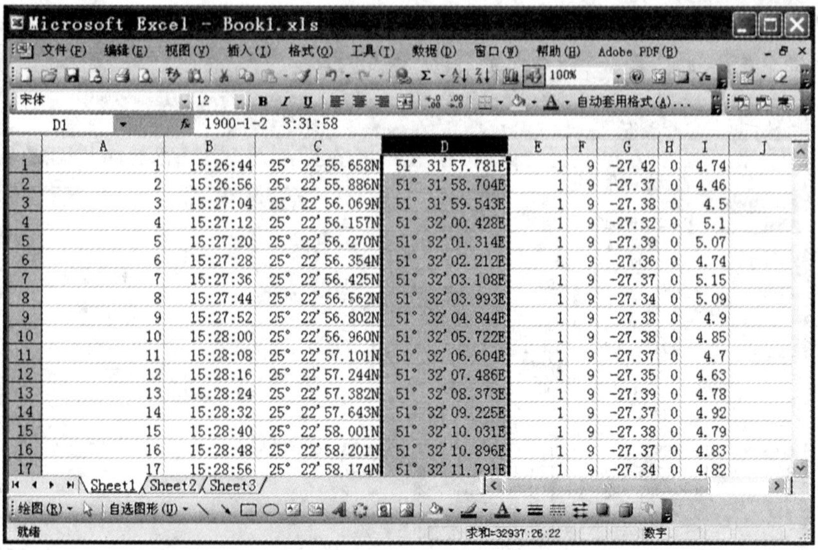

	A	B	C	D	E	F	G	H	I
1	1	15:26:44	25° 22' 55.658N	51° 31' 57.781E	1	9	-27.42	0	4.74
2	2	15:26:56	25° 22' 55.886N	51° 31' 58.704E	1	9	-27.37	0	4.46
3	3	15:27:04	25° 22' 56.069N	51° 31' 59.543E	1	9	-27.38	0	4.5
4	4	15:27:12	25° 22' 56.157N	51° 32' 00.428E	1	9	-27.32	0	5.1
5	5	15:27:20	25° 22' 56.270N	51° 32' 01.314E	1	9	-27.39	0	5.07
6	6	15:27:28	25° 22' 56.354N	51° 32' 02.212E	1	9	-27.36	0	4.74
7	7	15:27:36	25° 22' 56.425N	51° 32' 03.108E	1	9	-27.37	0	5.15
8	8	15:27:44	25° 22' 56.562N	51° 32' 03.993E	1	9	-27.34	0	5.09
9	9	15:27:52	25° 22' 56.802N	51° 32' 04.844E	1	9	-27.38	0	4.9
10	10	15:28:00	25° 22' 56.960N	51° 32' 05.722E	1	9	-27.38	0	4.85
11	11	15:28:08	25° 22' 57.101N	51° 32' 06.604E	1	9	-27.37	0	4.7
12	12	15:28:16	25° 22' 57.244N	51° 32' 07.486E	1	9	-27.35	0	4.63
13	13	15:28:24	25° 22' 57.382N	51° 32' 08.373E	1	9	-27.39	0	4.78
14	14	15:28:32	25° 22' 57.643N	51° 32' 09.225E	1	9	-27.37	0	4.92
15	15	15:28:40	25° 22' 58.001N	51° 32' 10.031E	1	9	-27.38	0	4.79
16	16	15:28:48	25° 22' 58.201N	51° 32' 10.896E	1	9	-27.37	0	4.83
17	17	15:28:56	25° 22' 58.174N	51° 32' 11.791E	1	9	-27.34	0	4.82

图 4-5　度分秒格式的纬度、经度数据格式

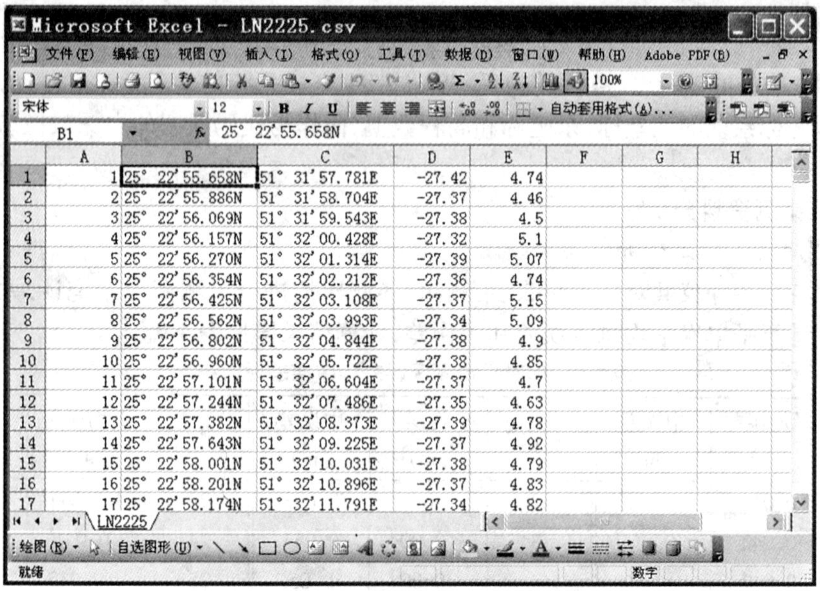

	A	B	C	D	E
1	1	25° 22' 55.658N	51° 31' 57.781E	-27.42	4.74
2	2	25° 22' 55.886N	51° 31' 58.704E	-27.37	4.46
3	3	25° 22' 56.069N	51° 31' 59.543E	-27.38	4.5
4	4	25° 22' 56.157N	51° 32' 00.428E	-27.32	5.1
5	5	25° 22' 56.270N	51° 32' 01.314E	-27.39	5.07
6	6	25° 22' 56.354N	51° 32' 02.212E	-27.36	4.74
7	7	25° 22' 56.425N	51° 32' 03.108E	-27.37	5.15
8	8	25° 22' 56.562N	51° 32' 03.993E	-27.34	5.09
9	9	25° 22' 56.802N	51° 32' 04.844E	-27.38	4.9
10	10	25° 22' 56.960N	51° 32' 05.722E	-27.38	4.85
11	11	25° 22' 57.101N	51° 32' 06.604E	-27.37	4.7
12	12	25° 22' 57.244N	51° 32' 07.486E	-27.35	4.63
13	13	25° 22' 57.382N	51° 32' 08.373E	-27.39	4.78
14	14	25° 22' 57.643N	51° 32' 09.225E	-27.37	4.92
15	15	25° 22' 58.001N	51° 32' 10.031E	-27.38	4.79
16	16	25° 22' 58.201N	51° 32' 10.896E	-27.37	4.83
17	17	25° 22' 58.174N	51° 32' 11.791E	-27.34	4.82

图 4-6　csv 文件数据格式

（2）数据导入到 TGO。在标准工具栏中，打开“导入”菜单，在“自定义”菜单中，选择软件中已有的数据格式“名称、纬度、经度、高度、代码（WGS－84）”，该格式的文件扩展名为 csv，按“确定”后，在正确的路径下选定并打开已编辑好的文件（见图 4-6），即可完成导入。也可以通过自定义的格式导入，但自定义格式必须与导入的数据格式和文件类型一致，否则会导致文件无法导入或导入错误。

（3）数据由 TGO 导出。打开“导出”菜单，在“自定义”菜单中，选择软件已有的数据格式“名称、北、东、高程、代码”，该格式的文件扩展名同样是 csv，按“确定”后，选择文件要存放的路径，输入文件名，点击“保存”即完成数据的导出。经坐标系统转换后的数据文件见图 4-7。

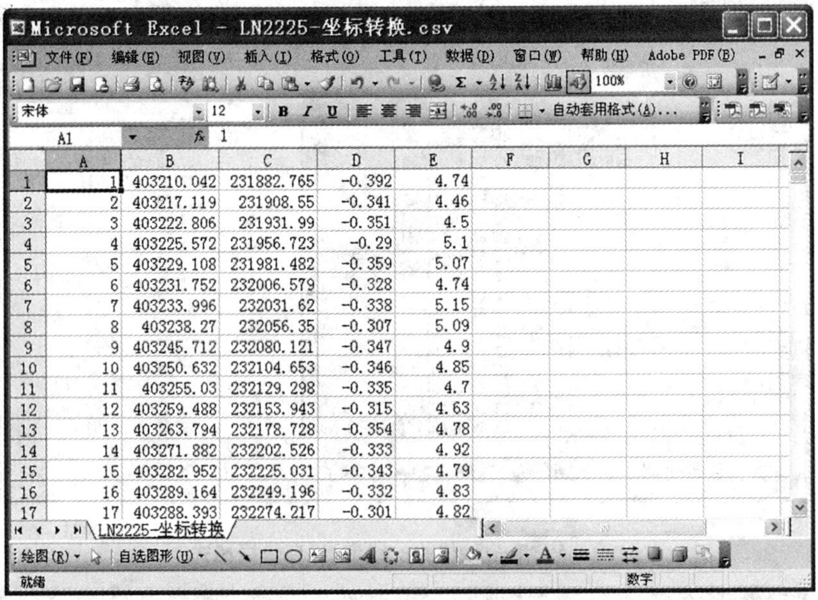

	A	B	C	D	E
1	1	403210.042	231882.765	-0.392	4.74
2	2	403217.119	231908.55	-0.341	4.46
3	3	403222.806	231931.99	-0.351	4.5
4	4	403225.572	231956.723	-0.29	5.1
5	5	403229.108	231981.482	-0.359	5.07
6	6	403231.752	232006.579	-0.328	4.74
7	7	403233.996	232031.62	-0.338	5.15
8	8	403238.27	232056.35	-0.307	5.09
9	9	403245.712	232080.121	-0.347	4.9
10	10	403250.632	232104.653	-0.346	4.85
11	11	403255.03	232129.298	-0.335	4.7
12	12	403259.488	232153.943	-0.315	4.63
13	13	403263.794	232178.728	-0.354	4.78
14	14	403271.882	232202.526	-0.333	4.92
15	15	403282.952	232225.031	-0.343	4.79
16	16	403289.164	232249.196	-0.332	4.83
17	17	403288.393	232274.217	-0.301	4.82

图 4-7　经坐标系统转换后的数据文件

从图 4-7 中可以看出，数据转换后，WGS－84 坐标系统的北纬、东经、大地高数值已变成当地坐标系统的北坐标、东坐标和高程数值，而作为代码保留的水深数值未发生任何变化。

(四) 比测资料分析

1. 测深误差对比分析

测深杆和测深仪共对比测量 32 个测次，各测次均进行了测深误差统计，并根据测点测量误差计算了单次平均测深误差和中误差，计算结果详见表 4-9。

表 4-9　单次平均测深误差和中误差对比统计

测次	平均误差 (m)	中误差 (m)	测次	平均误差 (m)	中误差 (m)	测次	平均误差 (m)	中误差 (m)
1	0.018	0.059	12	0	0.043	23	-0.011	0.039
2	0.042	0.05	13	-0.004	0.055	24	0.04	0.063
3	0.047	0.064	14	-0.008	0.05	25	-0.013	0.031
4	0.07	0.072	15	0.028	0.047	26	0.042	0.053
5	0.012	0.051	16	-0.036	0.049	27	-0.004	0.036
6	0.03	0.069	17	0.042	0.051	28	0.039	0.059
7	0.047	0.073	18	-0.037	0.044	29	0.019	0.041
8	0.02	0.038	19	0.045	0.053	30	0.018	0.045
9	0.047	0.06	20	-0.048	0.059	31	-0.004	0.032
10	0.043	0.059	21	0.037	0.059	32	-0.005	0.033
11	0.003	0.04	22	0.047	0.053	总平均	0.018	0.051

从表4-9可以看出，单次测量平均误差范围为 -0.011 ~ 0.07 m，测次平均为0.018 m；单测次中误差范围为0.031 ~ 0.073 m，测次平均为0.051 m。

根据误差分级计算的误差分布情况及小于某误差数据所占总数比例见表4-10。

表4-10　误差分布情况及小于某误差级数据所占总数比例统计

误差分级（m）	小于某误差级数据	占数据总数比例（%）	误差分级（m）	小于某误差级数据	占数据总数比例（%）	误差分级（m）	小于某误差级数据	占数据总数比例（%）
0	19	4.40	0.06	288	67.00	0.12	419	97.40
0.01	68	15.80	0.07	327	76.00	0.13	421	97.90
0.02	116	27.00	0.08	361	84.00	0.14	426	99.10
0.03	156	36.30	0.09	384	89.30	0.15	429	99.80
0.04	204	47.40	0.10	404	94.00	0.16	430	100
0.05	249	57.90	0.11	415	96.50			

从表4-10的误差分布来看，在430个测点中，小于误差0.05 m的测量数据占57.90%，小于误差0.10 m的测量数据占94.00%；而大于0.10 m误差的数据仅有26个，所占比例为6%，最大测量误差为0.16 m。总的来看，两种测量方法所测结果比较接近。

2. 水道断面面积对比计算分析

面积法是目前黄河下游河道断面冲淤计算普遍采用一种计算方法，能够比较直接地反映河道的冲淤变化情况。通过两种测深方法的实测水道断面面积，计算两种方法的面积差和相对误差，计算结果详见表4-11。从表中可以看出，测次水道断面平均面积差 -2.47 m^2；相对误差 -0.46%，最大为 -1.3%，符合规范规定的误差范围。

3. 不同含沙量级下测深精度分析

对比测量分4个含沙量级进行，即小于5 kg/m^3 含沙量级、5 ~ 10 kg/m^3 含沙量级、10 ~ 20 kg/m^3 含沙量级、大于20 kg/m^3 含沙量级。根据不同含沙量级计算了平均误差和中误差，同时还根据断面法计算了相应含沙量级的平均断面差和相对误差，计算结果见表4-12。

一般来说，泥沙是影响测深仪测量精度的重要因素之一，含沙量越高，精度应该越低。但从不同含沙量对比测量情况来看，小于5 kg/m^3 含沙量级的测量精度反而比大于5 kg/m^3 的3个含沙量级都差。对比测量中的实测最大含沙量为28.5 kg/m^3，而此时的测量精度却没有出现变差的趋势。可见，凡是测深仪能够正常工作时所测结果均是可靠的，含沙量过高时水深将发生跳跃，如在大于30.0 kg/m^3 时测深即是如此。

另外，根据两种测深方法在4个含沙量级测取的水深结果绘制了施测水深相关图，详见图4-8 ~ 图4-11。

表 4-11　测深仪与常规测深方法水道面积比较

测次	面积(m^2)		面积差(m^2)	相对误差(%)	测次	面积(m^2)		面积差(m^2)	相对误差(%)
	测深杆	测深仪				测深杆	测深仪		
1	663.52	671.6	-8.08	-1.20	17	537.44	542.7	-5.26	-1.00
2	603.22	609.49	-6.27	-1.00	18	499.48	495.52	3.96	0.8
3	634.54	640.64	-6.1	-1.00	19	483.23	489.29	-6.06	-1.3
4	641.87	650.2	-8.33	-1.30	20	501.72	495.81	5.91	1.2
5	622.24	626.69	-4.45	-0.70	21	244.36	245.41	-1.05	-0.4
6	627.86	632.69	-4.83	-0.80	22	503.14	508.5	-5.36	-1.1
7	633.45	640.49	-7.04	-1.10	23	530.26	528.46	1.8	0.3
8	355.07	358.16	-3.09	-0.90	24	484.54	489.78	-5.24	-1.1
9	341.94	346.19	-4.25	-1.20	25	524.24	523.02	1.22	0.2
10	337.12	341.12	-4	-1.20	26	484.51	490.02	-5.51	-1.1
11	578.2	579.26	-1.06	-0.20	27	509.48	507.79	1.69	0.3
12	586.98	586.19	0.79	0.10	28	710.54	716.27	-5.73	-0.8
13	623.63	623.13	0.5	0.10	29	750.91	752.42	-1.51	-0.2
14	591.06	588.5	2.56	0.40	30	722.88	725.98	-3.1	-0.4
15	540.35	544.13	-3.78	-0.70	31	690.37	691.23	-0.86	-0.1
16	490.57	486.38	4.19	0.90	32	696.45	697.22	-0.77	-0.1
统计:面积差,平均 -2.47 m;相对误差,平均 -0.46%,最大 -1.3%									

表 4-12　不同含沙量级平均误差统计

含沙量级(kg/m^3)	平均实测误差统计		断面法平均误差统计	
	平均误差(m)	中误差(m)	平均断面差(m^2)	相对误差(%)
$C_s \leqslant 5$	0.037	0.06	-5.64	-1
$5 < C_s \leqslant 10$	0.002	0.047	0.7	0.1
$10 < C_s \leqslant 20$	0.001	0.046	-0.82	-0.1
$C_s > 20$	0.02	0.048	-2.19	-0.4

从以上 4 个含沙量级的水深相关图中可以看出,两种测量方法测得的水深相对关系较好,而同大于5 kg/m^3 的3个含沙量级的测量精度优于小于5 kg/m^3 含沙量级的测量精度。主要原因是小水时泺口断面左岸出现坡滩,且受上游弯道的影响水边线与断面线明显不垂直,水边线上游与断面线夹角较小而下游夹角较大,造成左岸水边附近2 m左右及以下的水深,断面线以上偏小而断面线以下偏大。比测时,吊船船首朝上游,测深仪位于

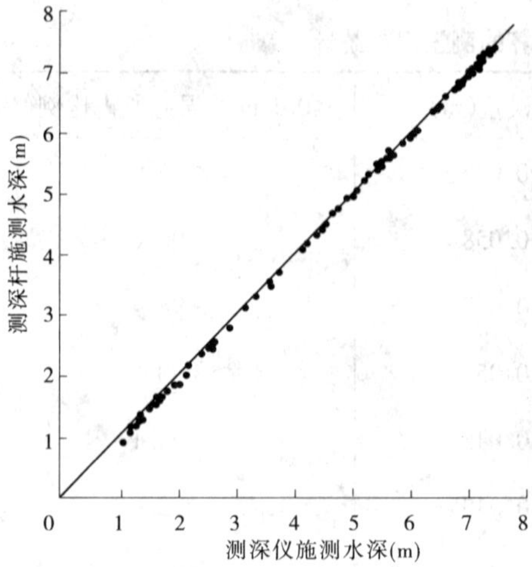

图 4-8　小于 5 kg/m³ 含沙量级两种测深方法水深相关图

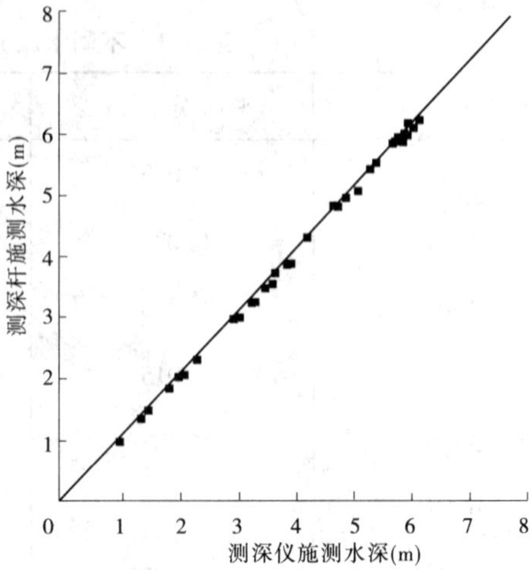

图 4-9　5～10 kg/m³ 含沙量级两种测深方法水深相关图

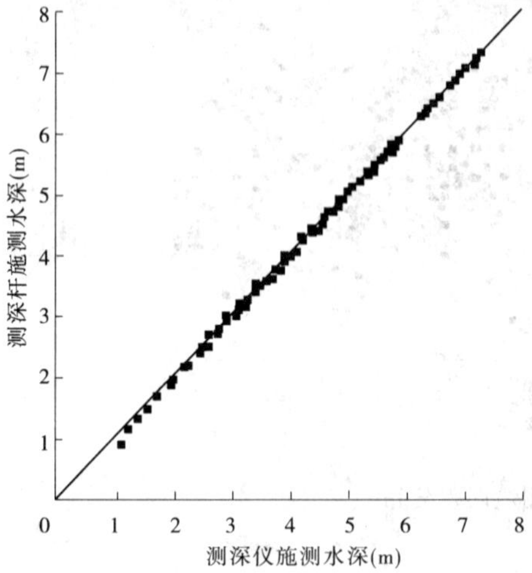

图 4-10　10～20 kg/m³ 含沙量级两种测深方法水深相关图

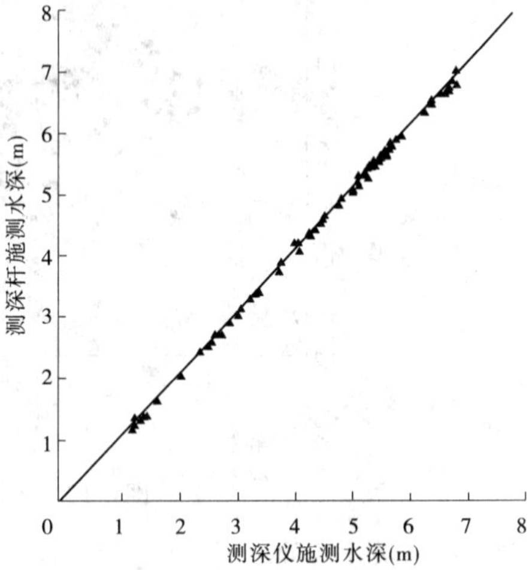

图 4-11　大于 20 kg/m³ 含沙量级两种测深方法水深相关图

船尾附近，测深杆的打深位置则位于测深仪上游 2 m 以外。因此，不同的测深位置造成了两种测深方法 0.1 m 以上的误差，且测深仪实测水深大于测深杆实测水深。

4. 不同水深测量精度分析

根据两种测深方法不同水深分级计算的测量误差统计见表 4-13。从表中统计来看，大于 2 m 水深的测量精度要优于 2 m 以下水深的测量精度。

根据不同水深测量误差绘制的误差分布见图 4-12。

从图 4-12 中的误差分布情况看，各水深级的测量误差分布大致相当，测深精度并没有因为水深的增大而降低，而小于 2 m 水深区的测量精度要稍低于大于 2 m 水深区的测量精度。

表 4-13　不同水深分级计算的测量误差统计

水深范围(m)	平均误差(m)	中误差(m)	≤0.1 m 的误差所占比例(%)
<2	0.073	0.076	75.0
2~3	0.039	0.058	90.6
3~4	0.025	0.047	98.4
4~5	0.015	0.052	90.5
5~6	0.003	0.045	96.1
6~7	0.011	0.045	95.0
>7	-0.022	0.050	95.2

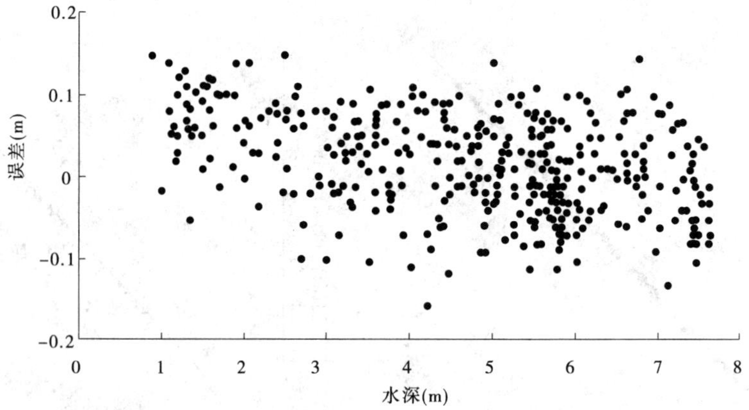

图 4-12　不同水深测量误差分布

5. 测深误差来源分析

1)水温、声速对测深精度的影响

测深仪的回声信号在水中的传播速度一般为 1 400~1 550 m/s,声速是随水的密度、盐度和温度的不同而变化的。由于海水密度大、盐度高,因此海水中的声速要大于淡水中的声速。一般来说,测深仪制造商在出厂随机资料中都提供了一份回声测深仪在不同温度下的淡水声速对照表。但同时也强调该数据仅作为用户设置水深的参考,用户还需要用其他方法来校准测深仪。因此,在实际测量中,不能仅靠"测量一下水温,输入一个在表中查算的对应声速"的办法就能得到一个准确的水深,一般还要结合使用测深杆的测深数值来校准测深仪。另外,获取准确声速的办法是使用声速仪现场实测。

2)波浪对测深精度的影响

波浪对传统测深方法的影响是显而易见的,因为水面的起伏对于准确读取测深杆或测深锤的数值是困难的。但是,对于结合 GPS 进行实时测量、自动记录水面高程和水深的数字测深仪来说，波浪并不影响最终通过水深和水面高程计算的河底高程。因为，当测船随波浪上下起伏时，实时测量记录的水面高程和水深也是同时变化且互补的。如当在波浪的顶端时，测得的水面高程（Z_f）比实际水面偏大一个值（Δa），而此时测得的水深（H）也恰好偏大一个相同的值（Δa），那么两个相同的差值（Δa）抵消后，河底高程（Z_b）并没有变化：

$$Z_b = (Z_f + \Delta a) - (H + \Delta a) = Z_f - H$$

在波浪谷底时的情况与此类似，只是测量的水面高程和水深都偏小一个相同的值。因此，可以说测船随波浪的上下起伏对于通过水深和水面高程来计算河底高程的河道断面测量来说是没有影响的，但测船的左右摇晃会造成探头倾斜，从而影响测深的准确性。所以，测量时应尽量保持测船稳定，避免测船倾斜，风浪较大时最好停止测深作业，或应用电磁式姿态仪对测点位置和高程进行修正。

3）吃水和天线高对测深精度的影响

测深仪换能器（探头）和 GPS 卫星天线是靠一根专用的钢管式安装杆连接固定的，钢管的底端安装测深仪探头而顶端安装 GPS 卫星天线。安装杆上标有刻度，以探头的底端为 0。

测量前，一般要测量吃水（即探头至水面的距离）和天线高度（卫星天线至水面的距离），不管在什么情况下这两者相加一定等于安装杆的顶端刻度数值。测量时只需读取安装杆在水面的读数就可得出吃水和天线高度数值，如读数不准，则吃水影响水深，而天线高影响水面高程，但却不影响最后计算的河底高程。因为，水深 = 探头测量至水底的距离 + 吃水；水面高程 = GPS 测量高程 - 天线高。如果吃水增大一个值（Δb），天线高度就要减小一个相同的值（Δb）。那么相应地，测得的水深（H）就必然偏大（$H + \Delta b$），而水面高程（Z_f）则由于天线高度少减数值 Δb 而同样必然偏大（$Z_f + \Delta b$）。因此，两个相同的差值（Δb）抵消后，实际河底高程（Z_b）仍没有变化：

$$Z_b = (Z_f + \Delta b) - (H + \Delta b) = Z_f - H$$

4）测深杆测量误差

测深杆测深受客观因素影响较大，特别是在风浪和流速较大的条件下，容易造成读数不准和测深杆不垂直读数问题。同时，测深又是一个集力量、技巧和经验于一体的技术工种，对测深人员的素质要求较高，存在的不确定因素较多，因此测深精度会因人而异。

测深杆的读数精度较差，一般为 0.1 m。规范规定：水深小于 5 m 读至 0.01 m，水深不小于5 m读至 0.1 m。这也是在充分考虑了诸多客观因素的情况下做出的规定。事实上，很多情况下水深小于 5 m 时测深杆的读数读至 0.01 m 是困难的。

第三节　黄河河口段河势图测绘

一、河势图测绘的目的

河势图测绘的目的主要是了解水流在平面上的变化与河床边界条件的相互影响和相互制约的关系，并预估其变化趋势，为下游防洪及河道整治工作提供资料。

二、河势图测绘的内容

河势图分为实测河势图和目测河势图两种，二者的内容均应包括：

(1)本测验河段的老滩沿、主流线、水边线、分流、串沟、塌岸范围、支流汇入口、引水口等的位置。

(2)测验河段内的沙洲(指四面临水，中高水位始能浸没的河心滩地，下同)、心滩(随水位涨落，时出时没的滩地，下同)、边滩、潜滩等的位置及河流入海处的潮线、河口沙嘴、入海岔道的位置。河心沙洲和边滩除测绘其平面位置外，还应在其上分布适当数量的高程点，以了解滩面高程和漫滩水位。滩面植被情况也应在图上显示出来。

(3)各种水面现象，如回流、旋涡等的位置。

(4)施测时分流串沟过水流量的估计，占过河流量的百分数等。

三、实测河势图

实测河势图一般有经纬仪测绘法、经纬仪测记法、六分仪测记法以及平板仪测绘法，有条件的还可以利用无线电定位仪或 GPS 卫星定位系统进行测绘。

除 GPS 外，其他方法均须进行平面控制，其设置办法见第二章。

实测河势图的绘制方法如下：

(1)河势图宜在事先晒制好的控制底图上进行测绘(控制底图的比例尺可根据河段长度确定，一般用 1:10 000，1:25 000，1:50 000 三种)，图上应包括各三角点，导线点，水准点，断面线，水尺位置，断面标志桩，基线标志杆，历年较固定的老滩，还应有险工坝头、堤防系统及有定位意义的固定地物，如高烟囱、独立大树、防汛屋、滩地上的生产房屋等。图上还应注明各高程控制点的高程，以备使用。

(2)按地形测量的方法施测各测点，用经纬仪测绘地物平面位置时，一般情况下最大视距不准超过 1 000 m，如遇串沟或软泥滩，出入极为困难时，亦可酌情放宽，但不得超过 1 200 m。如用无线电定位仪或 GPS 卫星定位系统进行测绘，则按该仪器的测量方法进行施测。

(3)河势图上水道平面外形测点的数目，应以能控制水道转折变化为原则。测点的间距一般情况下可参照表 4-14 的规定布设。

在水道轮廓比较复杂的河段，应比照上述规定适当加密测点；在水道轮廓十分平顺的河段，亦可酌情放宽。但在图上的最大测点间距不得超过 5 cm，以保证水道平面外形的正确和完整。

表 4-14　测点间距

测图比例尺	水道外形测点间距(m)
1:10 000	200 ~ 500
1:25 000	500 ~ 1 000
1:50 000	1 000 ~ 2 000

滩地上一般地物平面位置的测点，亦可比照上述规定并根据需要适当加密。

沙洲、心滩测点数目以能控制滩地的平面外形为准。如滩地跨过数个断面，除断面上的测点为当然测点外，另在两断面之间、滩的两侧，沿滩边各分布4～8个测点。

(4)施测河心滩沙洲高程时，如地形平坦，可将经纬仪望远镜定平，用中丝直接测读高程；对于地形变化比较复杂者，可用三角高程法测量。

滩地和滩坎高程点的分布要求为：①沿沙洲和心滩四周分布4～8个高程点，滩的中间按其大小分布1～3个高程点(测断面时的高程点不包括在内)，但滩地最高点必须测出。②边滩和滩坎上适当分布高程点，以便大体上了解滩、坎高程及其与水位变化的关系。

(5)河势图中的主流线可利用断面测量时所记载的主流位置并参照断面上最深点的位置绘制。

(6)在测验河段内如进行塌岸观测所设置的标志桩(如各修防段所设立的)应尽量予以利用，来加密大溜顶冲、坐弯急剧之处的测点。

(7)经纬仪法、平板仪法、六分仪法施测河势图按河道地形测量中的有关规定办理；无线电定位仪和GPS卫星定位系统施测河势图按它们自己方法中的有关规定执行。

四、目测河势图

目测河势图的平面控制与实测河势图的相同，测绘工作宜在事先晒制好的底图上进行，最好与实测河势图采用同样的比例尺。

目测河势图的绘制方法如下：

(1)目测河势图最好分两组在两岸自上而下同时进行测绘(必要时亦可自下而上)；也可以一组单独进行，先勾绘一岸，返回时勾绘另一岸。

(2)在进行勾绘之前，最好是登高瞭望，纵观全面河势。

(3)图中的水边线应用断面测量时的实测水边点连接绘出或在没有作断面测量时以专门测定的水边点连接绘出。图中的主流线可利用断面测量时所记载的主流位置参照断面上的最深点的位置点绘，在没有作断面测量时，则目测勾绘。

(4)图中的沙洲、心滩、边滩、分流、串沟、河口沙嘴、入海汊沟及海岸潮线等地物的轮廓转折点，可根据沿河两岸的控制点及有定位意义的固定地物的位置用罗盘仪或六分仪测定，再结合目估其形状、大小，将地物在现场勾绘出来。罗盘仪或六分仪测定地物轮廓点的方法一般采用后方交会法。定位时可用六分仪沿断面线交会定位；也可用罗盘仪测定三个方向线，以三线的示误三角形的中心定位；在开阔地区还可用六分仪以三标两角法测定，以三臂分度仪在图上展绘；在认为后方交会不便的地区，也可使用前方交会法或侧方交会法。

(5)在无法使用上述各种方法定位时，亦可完全用目测方法勾绘地物轮廓线，目测时应在各平面控制点上进行，先瞄定方向线，并相应在图板上确定方向，然后沿各瞄定的方向估测其距离，同时在图上勾绘。当转换于另一测站后，为了避免在单方向上估测的错误，应将两测站间相邻近的几个测点加以校测。

五、河势图测绘中的注意事项

河势图的测绘应注意如下事项：

（1）河势图是反映河道在某级水力泥沙情况下的平面变化资料，由于黄河水情沙情变化迅速，因此河势图的测绘时机最好在水流平稳时，施测历时应力求缩短，并尽可能结合断面测量同时进行，一般在1～3 d完成，只有在工作安排有很大矛盾时，才可提前或错后进行。

（2）全河段的河势如分别由数个测站分工施测时，各相邻上下两测站所测河势图之间应有适当的重叠部分，以便正确拼图。具体方法可在两测站交界处设立最少两个公共桩，两测站均须测定其位置和高程，作为校对拼图的依据。

（3）主流线的测绘是一项十分重要的项目，在断面测量时可充分运用沿河群众的实际经验进行观察，如"顺河风，发亮处溜大"，"逆河风，浪大处溜大"。

（4）每结束一测站的工作时，应检查一下测绘的内容是否有遗漏。

六、河势图测绘的资料整理

河势图测绘的资料整理工作步骤如下：

（1）在晒制好的平面控制图上，根据对各水边线、主流线、分流、串沟、塌岸段、支流汇入口、引渠口、沙洲、心滩、边滩、河口沙嘴及潮线等所测绘或测记的内容进行点绘并校核。

（2）主流线应套绘本次与前次的综合测验成果。本次的用实线、前次的用虚线，线条粗0.6 mm，线段长5 mm，间隔0.2 mm。

（3）测验河段中各流量站及水位站在施测时的水位应注明在水尺符号处。

（4）施测时，各分流串沟过水量占全河流量的分数值应注明在各分流串沟上。

（5）进行合理性检查。内容包括：①所测绘水面宽与断面测量的水面宽相比较是否合理；②与上次所测河势图相比较，是否有遗漏未测之处；③河槽平面形态与断面形态对照是否合理（如沙洲、心滩、潜水滩、边滩等）；④检查所用图例符号是否符合要求。

（6）编写河势图文字说明。内容包括：①施测起止时间。测绘期间距测验河段最近的流量站的流量、含沙量、输沙率、水情及沙情的变化。②本次测绘与上次测绘期间平面河势的主要变化，如主流、深泓点的摆动，主流顶冲位置及心滩的运移，河湾的上提下挫，河口岔流及出口位置的变化，回流、旋涡等水面现象的变化等。③对近期河势变化的预估。④资料中存在的问题及经验体会和其他必要记录的事项。

七、黄河河口河势图测绘软件研究

黄河河口段河势图测绘始于20世纪60年代，其目的是监测该河段河流平面形态变化，为黄河防汛、河口规划治理提供重要的基础性资料。新时期的黄河治理特别是黄河河口的治理与开发，对作为河口观测重要内容的河势图测绘在测绘精度、测验历时、绘图质量以及资料成果的使用存储等方面提出了更高的要求。而原始的河势图测绘一直沿用手工展绘坐标的方式，绘图、描图、晒图等工序繁杂、费时费力，往往绘制一张河势图需要一个多月的时间，因手段落后致使工作效率太低，无法满足要求。在科技飞速发展的今天，能否利用新的测绘技术和成熟的计算机技术进行河势图测绘，进而提高黄河口河势测绘水平是河口水文工作者孜孜以求的目标。为此，在黄河水利委员会水文局科技基金的资助下，我们进行了该软件的研究与开发。

（一）软件开发的主要思路和主要内容

1. 软件开发的主要思路

该软件的主要思路就是首先将河口河势测量河段的河道地形图数字化，输入到计算机中，然后利用 GPS 信标机接受卫星信号得到测点的平面位置，通过 GPS 与计算机连接通讯，将实测点实时显示在数字图中，并能通过绘图仪将河势图输出并形成电子文件进行成果的快速报送。

2. 软件开发研制的主要内容

该软件的开发和研制共分 5 个内容，它们分别是河口段数字图的制作、数字图的补测修测、软件程序的编制、程序调试和外业试验。

1）河口段数字图的制作和数字图的补测修测

利用 2000 年最新版本的 1∶50 000 的河口河段河道地形图，进行了数字化处理，对数字化的地形图进行了简单的编辑，删除了一些对河势测绘没有关系的地物和地形点，然后组织人员利用 GPS 对图上的重要地物进行校测，对图上没有的地物或重要的防洪工程进行了补测，再进行必要的编辑后，制成河口河势数字底图。

2）软件程序的编制和程序调试

软件开发平台为 Visual Basic 6.0。为使软件易上手，减少学习培训的消耗，河势测绘软件操作的人机界面类似于目前广泛使用的 AutoCAD，操作习惯和大部分命令方式也与 AutoCAD 保持一致，用户无需重学软件操作。为使资料衔接一致，它直接以 DWG 作为内部工作文件，完全兼容 AutoCAD 各个版本。

该软件共有 3 部分：数据通讯、GPS 数据处理和河势图的绘制。

（1）数据通讯。为了在河势测绘软件上显示测绘船只的实时位置，必须将 GPS 信标机的位置信息实时地叠加在数字地图上，这就要进行 GPS 信标机和计算机的实时通讯。本软件通过 Visual Basic 编程语言，实现 GPS 接收机与计算机的串口通讯。在计算机和 GPS 接收机的数据传输过程中，计算机的串口（COM）作为计算机 CPU 和串行设备间的编码转换器，提供了计算机与 GPS 接收机之间的数据传输通道。而 GPS 接收机作为数据终端设备，将采集到的导航定位数据通过计算机串口传输给计算机。在 Windows 环境下可以通过 Visual Basic 编程语言及其提供的专门用于串口通讯的 MSComm 控件，实现 GPS 接收机与计算机的串口通讯。

GPS 接收机与计算机之间传输的数据为 NMEA0183 标准格式，采用串口通讯协议为波特率 4 800 bps，8 个数据位，1 个停止位，无奇偶校验。GPS 接收机与计算机之间采用串口异步通讯方式，由于是近距离传输，连接方法采用最简单的零调制三线制，将 GPS 接收机的发射端（TXD）、接收端（RXD）、接地端（GND）分别与计算机串口的接收端（RXD）、发射端（TXD）、接地端（GND）相连接。由于 GPS 接收机和计算机串口同为 RS－232 电平，所以两者之间可以直接连接而无需经过电平转换。该软件使用 Microsoft Communications Control 作为串口通讯的 ActiveX 控件，保证了数据传输的准确性和传输速度。

(2)GPS 数据处理。该软件通过硬件接口取得 GPS 相关定位数据后即可进行数据处理。GPS 的软件接口协议采用美国的 NMEA0183 ASC II 码协议,该协议为 NAEA 0183 20 版(此协议是为了在不同 GPS 设备中建立统一的通信标准)。

关于测点偏移量的处理:在进行河势测量时,由于绝大部分河段其测船无法航行到岸边,因此在测定水边测点时,是通过目测水边距来确定的,在进行 GPS 数据处理时,水边测点位置就是在测船位置加上距水边的距离(偏移量)来确定,其偏移量的方向是通过前后测点形成的圆弧在测点处的法线方向来确定的,用" +、- "来区别水边是测船前进方向的左侧、右侧。

(3)河势图的绘制。河势测绘软件与 AutoCAD 一样直接以 DWG 作为内部工作文件,完全兼容 AutoCAD 各个版本。河势测绘软件版中可以直接读取和存储成 AutoCAD2004 格式的图形文件,真正实现了与 AutoCAD 存储格式的兼容,河势测绘软件用户和 AutoCAD 用户的工作成果交流将变得更加方便和高效。

河势测绘软件的软件界面、菜单排列、命令行和操作习惯,甚至各种绘图命令的快捷方式都与 AutoCAD 保持一致。对于熟悉 AutoCAD 的测绘人员来说,无需重新学习、无需变更原有操作习惯即可直接使用;而对于从未接触过 AutoCAD 的人员来说,基于 Windows 风格的河势测绘软件同样是一款容易学习、能够轻松上手的测绘软件,因而使用和操作起来都更加简单和快捷,大大提高了测绘工作的效率。

提供类似 AutoCAD 的直观易用的对象属性编辑框。

功能强大的图层管理器:类似 AutoCAD 的图层管理器的功能及风格,对图层特性的设置和修改都更加方便和高效。

三维功能方面支持 3D 表面及线框模式,实现消隐、着色等渲染方式。

软件开发完成后,对软件进行了多次调试,并进行了修改。

3)软件的外业试验

软件调试完成后,于 2006 年 10 月对该软件进行了外业测绘试验。试验从黄河河口的渔洼开始,至口门结束,试验河段长 60 km,施测了试验河段的水边线、汊沟以及鸡心滩等要素,试验结束后,立即进行了河势图的编绘。

从试验结果来看,该软件有效地提高了测验速度,提高了绘图精度,使河势图更加美观和规范。

(二)软件的主要特点及功能

黄河河口河势测绘软件是一款集坐标实时采集、偏移量改正、实时绘图、图形修改及编辑、图形打印、原始数据保存及数据格式转换等功能于一体的新一代数字化河势测绘成图软件,它充分吸收了数字化成图、GIS(地理信息系统)、GPS(全球定位系统)、DE(数字地球)的最新技术思想,为河势图测绘打开了方便、快捷之门。

1. 黄河河口河势测绘软件的主要特点

(1)更加直观、便捷的图上比例尺更改。底层骨架线带来的另一个好处是用户可以直接在当前图形界面上实时地改变地图的比例尺。

(2)更加直观、高效的地物编辑功能。黄河河口河势测绘软件提供了对象特性、特性匹配及地物复制等功能。具有图、数连动特征的对象特性功能更加集中、实时、直观地修改地物特性的编辑功能；特性匹配功能则允许用户在地物之间进行特性的复制；地物复制则为绘制同类地物提供了一种非常快捷的方式。这些功能保证了地物编辑效率的提高。

(3)提供了较多的用户化途径。黄河河口河势测绘软件的用户化达到了当前数字化成图系统的较高水平。从编码到符号，从属性到图层，从菜单到快捷命令这些可见的与不可见的内容都是用户可以定制的。

(4)数字地图与 GPS 的接口。数字地图与 GPS 的接口是“3S”集成的一个研究课题，也是数字地图应用的一个发展方向。该软件实现了数字地图与 GPS 的接口，这一接口可以广泛应用于动态目标的跟踪和监测。

(5)更加丰富的地图应用功能。数字地图的工程应用是数字地图应用的主要方面，该软件对此进行了丰富与完善。

该软件测图和成图效率、精度、地物编辑、符号用户化、数字地图与 GPS 集成等诸多方面都有其特点，同时该软件还具有安装程序占用空间小、功能齐全、操作简单的特点。

2. 黄河河口河势测绘软件的主要功能

该软件除具有一般测绘软件的查询指定点坐标、查询两点距离及方位、查询线长、查询实体面积等基本功能外，还实现了河势测绘的现场原始数据采集、数据转换、绘图等特有功能。实现了河势测绘的现场实时显示，原始数据、成果及河势图的电子文件存储和传输，并随时绘制纸质河势图。

第五章 黄河三角洲附近海区水下地形测验

黄河每年以巨量泥沙输送入海，泥沙一部分淤积填海造陆，一部分被潮流、余流等海洋动力因素带往较深海域。黄河入海泥沙究竟如何分布，陆地淤积了多少，浅海区淤积了多少，输往深海区多少，输往深海区的泥沙输移方向如何，这些都是在河口流路规划中要弄清的基本问题。根据多年的观察和分析，入海泥沙的淤积分布规律不仅因入海流路地理位置的不同而有所差别，而且即使同一条流路在不同的水沙系列影响下也会产生不同淤积分布规律。利用三角洲附近海区水下地形资料进行比较分析、计算是研究泥沙淤积分布规律最为直接和准确的方法。

三角洲附近海区当处于行河位置，由陆源泥沙补给时淤积延伸；当不行河没有陆源泥沙补给时，就会发生侵蚀，岸线后退，浅海海底冲刷。为了计算岸线侵蚀后退的速率和海底冲刷量，需要以三角洲附近海区水下地形资料为依据。

在进行流路规划及研究一个流路行水年限时，需要计算海域的容沙体积，从目前计算方法来看，也是以水下地形资料为计算依据。

小浪底水库运用调水调沙措施后，进入河口地区的泥沙不仅从数量上发生变化，泥沙组成也会发生较大变化，三角洲附近海区泥沙淤积分布规律随之发生较大变化是不言而喻的。因此，进行三角洲附近海区水下地形测绘更是十分需要。

截至 2007 年，已经进行了 4 次测绘，开展年份分别是 1968 年、1992 年、2000 年和 2007 年。测验成果在河口治理中发挥了重要作用。

第一节 基本任务

一、测区范围及测图比例尺

测区范围西起洼拉沟口、南至小清河口的海域，神仙沟口以西由岸边向北测至北纬 38°31′，神仙沟口以南向东测至东经 119°51′。海区范围约 14 000 km^2，岸线长约 320 km。

测图比例尺：1∶100 000。

二、作业依据国家规范

(1)《海道测量规范》(GB 12327—1998)；

(2)《国家三、四等水准测量规范》(GB 12898—1991)；

(3)《中国海图图式》(GB 12319—1998)；

(4)《全球定位系统(GPS)测量规范》(GB/T 18314—2001)。

三、控制测量

平面坐标系统采用1954年北京坐标系,高程系统采用1956年黄海高程基面。

(1)根据测区已有高等级控制点情况,布设平面和高程控制点,以保证高潮线测量及水尺零点高程测量的需要,并保证所有潮位站的高程基准统一。

测区首级高程控制采用三等水准施测,校核水准点以四等水准测定。

平面首级控制点以E级GPS施测,加密控制采用快速静态测定。1992年以前使用无线电定位仪观测,定位时有3个岸台。

(2)测定GPS信标机固定偏差参数,以保证水深测量过程的定位精度。

信标机的固定偏差测定从已知的高等级的GPS控制点测定,且GPS控制点分布应该均匀,不同测区使用不同的偏差参数。

四、水深测量

(一)测线的布设

一般情况下测线应垂直海岸布设,在岬角区(神仙沟口附近)布设成放射状。

测线间距:神仙沟以西海区每2 km布设一条测深线;神仙沟沙嘴区为放射状测线;神仙沟沙嘴以南至广利河以北海区每1 km布设一条测线;广利河以南至小清河口海区每2 km布设一条测线。总测线130条,历年测线尽量重合。

(二)测深点间距

深水区测深点间距一般控制在800 m左右测一点,在河口附近和水下地形前缘急坡、地形变化急剧的区域测深点间距控制在300~500 m。

(三)测深点定位及水深测量方法

测深点位置由GPS信标机测定。

水深测量:使用测深仪测深,测量时要根据实际情况进行水深比测,并做好记录。记录纸上的水深要随时与计算机打印水深进行比较,以减小读数误差。在浅水区当水深小至测深仪不能施测时,使用测深杆测深,记录至cm。

五、潮汐观测

为将所测水深换算至同一基面下的水深,需对实测水深进行潮汐改正。为此,在测区内需布设足够的潮位站,与水深测量进行同步潮位观测。

根据测验海区的潮汐变化规律和测深线的布设情况,原则上每一潮位站的观测成果只用于潮位站附近水深线的改正,其中:神仙沟以西海域每站改正垂直于海岸方向8 km左右范围,神仙沟至清水沟老河口海域每站改正范围为垂直于海岸方向6 km左右,清水沟老河口以南海域每站改正范围为垂直于海岸方向10~14 km。

(一)潮位站的布设

潮位站的布设原则:由于本测区潮汐类型复杂,因此测量期间采用实测潮汐曲线来改正水深的方法。潮位站布设应满足下列条件:

(1)潮位站应布设在能够代表附近海域潮汐变化的位置,水尺应在潮水沟口外较为宽阔的海域设立,使其不受潮水沟拦门沙的影响,或直接设立于条件较好的岸边。

(2)尽量满足水尺零点高程适合用几何水准测量的条件。

(3)测站之间的距离视潮汐变化情况而定,以便用实测潮位进行水深改正。

根据测验海域的潮汐变化和本项目测线的布设情况,共设置18处潮水位站。其所在的位置如下:杨克君沟口、湾湾沟口、二河口、四河口、一零六河口、十八井、桩西海港、五号桩坝头、贝类样板园、孤东验潮站、3号排涝站、新河口北烂泥、截流沟口、清水沟老河口、永丰河口、广利河口、小清河口、三山岛港。

(二)潮水位站的命名

潮水位站的名称由年份和编号组成,并注记地名或河口名称,编号的顺序自西向东、自北向南,例如最西边一站为200701站,该站位于杨克君沟口,该潮水位站命名为200701(杨克君沟口)站。

(三)水尺零点高程测定

水尺零点高程尽量采用几何水准测定,也可以采用GPS-RTK测定或潮面水准推求。

(四)潮水位观测

除港口码头处在岸边进行观测外,其余测站均在所需要的位置上抛一观测船,在船周围打3根水尺桩,以便船随潮流变化方向时便于观测,潮位观测人员住在船上。水尺读数记至cm,同时目测并记录风向、风力及海况,观测与水深测量同步进行。

为了进一步了解海区潮汐变化规律,在五号桩附近及易于停船、受风浪影响小的地方(如新河口北烂泥)设立短期潮水位站,在开始测量至测验结束整个测量期间进行连续观测。观测时间最长的是1992年桩西潮水位站及南烂泥潮水位站,连续观测120余d。

六、高潮岸线测定

按照水深图的编绘要求,需要准确的高潮岸线,因此应专门进行高潮岸线的测定。测定时使用GPS沿高潮痕迹测定高潮岸线。一般顺直高潮岸线可每1 km测一点,当岸线发生转折或遇到潮沟时,应加密测点,以便测出转折变化和潮沟的形状。

在测定高潮岸线的同时,应将设防标准较高的防潮堤以及沿岸以路代堤的防潮堤测出。

七、底质取样

为了解该海区泥沙输移及沉积情况,在水深测量的同时,在部分水深测线上采集底质泥沙样品进行颗粒分析。取样测线每10 km布设一条。每个取样断面上采集7~9个泥沙样品,其分布为浅滩区2~3个、前缘急坡区3个、缓坡区3个。所有泥沙样品按照《河流泥沙颗粒分析规程》(SL 42—92)要求进行分析。

八、资料整理

资料整理总的要求:外业测量结束后,即进行资料整理,整理过程中严格执行有关规范及技术细则,完成初作、校核、复核三遍校算手续。经过整理的资料达到:方法正确、数字无误、说明完备、字迹清晰、表面整洁,一般错误率小于1/2 000。

(1)对所有外业测量取得的原始资料经过3遍校算手续,经初审确认无误后,方可进入成果编制阶段。

(2)在上述校算的基础上编制下列成果:平高控制测量成果表、潮水位站考证簿、水深测量潮汐改正曲线、断面实测成果表及高潮岸线实测成果表。

(3)基本资料审查:基本资料完成上述整理后,由上级单位组织对上述资料进行审查。审查时,原始资料抽取30%审查、成果表全部审查,着重合理性检查,对成果有关键性影响的资料进行全部审查。

九、彩色水深图编绘

(1)水深图编绘:测验资料审查合格后,即开始进行水深图的编绘工作,编绘比例尺为1:100 000。水深图编绘的主要内容为高潮线至零米等深线的潮间带部分和断面测线部分,陆地部分采用最新的陆地测量成果。

(2)编绘泥沙沉积类型图:根据泥沙颗粒分析成果表编绘泥沙沉积类型图。该图比例尺按1:200 000绘制。

十、分析研究

项目的水深图编绘完成后,组织进行专题分析研究。根据河口治理的需要设定研究主题。以当次测验成果、相期各次水下地形测绘成果以及河口水沙的变化情况为研究依据。

十一、时间安排

作业前要完成各种仪器的检校、设备的检修、控制点的埋设、信标机固定偏差的求解以及潮位站的设置等工作;

确定所有外业测验工作完成的时间;

确定所有测验资料的整理计算和审查的时间;

确定水深图编绘完成的时间;

拟定上级验收的时间;

拟定完成彩色中间图的编绘及印刷工作。

十二、提交资料

提交资料主要包括原始资料、计算资料、成果资料及工作总结、技术总结等资料。

第二节　技术要求

外业实施单位完成的项目为桩点造埋、高程控制测量、水深测量、潮位观测、高潮线测绘、海底质取样、底质沙样颗粒分析、中间图编绘、泥沙沉积类型图绘制及彩色水深图的编制,并负责各种测验仪器的鉴定,所有测验资料的整理计算,成果图表的编绘,并配合上级单位进行该项目的检查、初步审查验收、复审以及最终验收,同时还需配合上级有关部门进行该项目的相关分析研究。

一、作业范围及方式

作业范围就是基本任务上所提及的。

作业方法采取断面法，在测区布设 130 条测线进行水深测量，要求每条测线浅水部分趁高潮时测至 0.8 m 水深以下(保证测点在黄海基面 0 m 线)，高潮水边采用目估距离测定。

现行黄河口顺河道上测至汉 1 处，其余潮沟测至高潮线以上 1 km 处。

二、仪器的法定鉴定

本次使用的所有测绘仪器必须经过具有资质的鉴定单位进行法定鉴定，包括 GPS、GPS 信标机、全站仪、水准仪、测深仪等，以鉴定单位出具的鉴定证书为准。

三、高程控制

测区首级高程控制为三等水准，主要作为潮水位站的高程基准，高程基面采用 1956 年黄海基面，引据点采用黄委会 2002 年新布设的国家二等水准点高程。

由于以往采用的引据点的高程多年来没有进行校测，因此为了消除高程点突变给测区冲淤变化带来的影响，要求往年测验的引据点必须有新测高程，没有新测高程的，本次采用三等水准联测新测高程。

(一)水准线路布设

测区的首级控制网为三等水准，加密控制为四等水准，根据黄委会新测二等水准点的分布，本着就近的原则布设支线或附合线路，当水准线路经过原有高程控制点时，要测定该点高程。

在进行 2000 年黄河三角洲附近海区水下地形测绘项目时，其高程引据点有 7 个，分别是Ⅱ鲁黄Ⅱ－41(Ⅱ滨海 72)、Ⅱ鲁黄Ⅰ－52(Ⅱ小海 32)、Ⅱ洛下 58(Ⅱ小海 25)、Ⅱ桑四 60(Ⅱ滨海 32)、Ⅱ桑四 56、羊口一等点以及刁龙嘴水准点，其中只有Ⅱ桑四 56、羊口一等点以及刁龙嘴水准点没有新测高程。因此，在进行水准路线布设时，Ⅱ桑四 56、羊口一等点本着就近的原则联测三等水准新高程，刁龙嘴水准点采用潮面水准和几何水准的方法来测定其新旧高程差。

(二)桩点制作

三、四等水准点的预制尺寸及配筋见图 5-1。水泥强度等级为 425#，混凝土配料比例按表 5-1 配制。

(1)尺寸。三等水准点：20 cm × 20 cm × 100 cm；四等水准点：下底 20 cm × 20 cm，上底 10 cm × 10 cm，高 100 cm。

(2)配筋。三等水准点：四主五箍(笼)，Φ 1.0 cm/Φ 0.5 cm；四等水准点：三主筋，Φ 1.0 cm × 3。

(3)中心标志和水准标志。三等水准点均为不锈钢中心标志，尺寸为 ϕ2 cm × 20 cm。上端为半球形，中心钻 ϕ0.1 cm 小圆孔，底端焊 5 cm 钢筋横撑；四等水准点中心标志为钢筋头。中心标志和水准标志一律外露 1 cm。

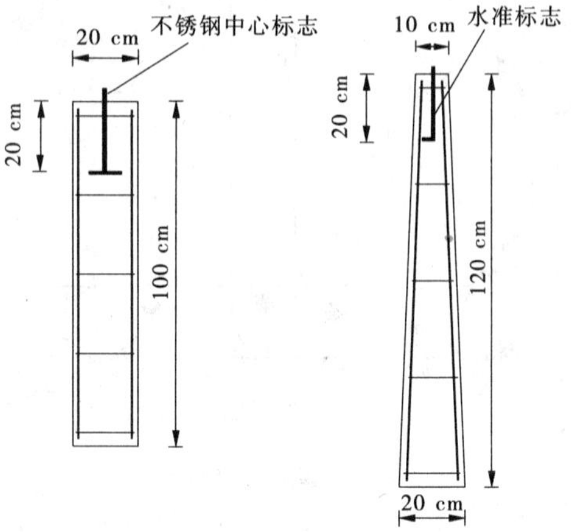

图 5-1　三、四等水准点的预制尺寸及配筋示意图

表 5-1　1 m^3 混凝土制作材料用量

骨料品种	级配粒径(mm)	项目	水	水泥	砂	石	配合比例
碎石	5 ~ 40	重量(kg)	180	300	600	1 226	0. 6∶1∶2. 2∶4. 09
		体积(m^3)	0. 18	0. 30	0. 44	0. 82	0. 6∶1∶1. 47∶2. 73

(三)标石埋设

三等水准点应当选择在距潮位站水尺较近的地质稳定、不易破坏的地方,四等水准点应当埋设在水尺附近的固定位置。

1. 基坑开挖及基座浇筑

在选定位置开挖标点基坑,坑底整平和夯实处理后,浇筑 0. 8 m×0. 8 m×0. 1 m 的混凝土底盘,内置五横五竖钢筋箅,继续浇筑底盘至 0. 2 m,将标石浇入底盘 0. 1 m 深。

2. 桩点埋设

(1)三等水准点埋设:将预制标石垂直放入坑中央,将标石插入基座 0. 1 m,使标石上部露出地面 0. 2 m 左右。标石竖直后回填土逐层夯实并灌水 20 kg。

(2)四等水准点埋设:将预制标石垂直放入坑中央,回填土,逐层夯实并灌水 20 kg。

三等、四等水准点埋设规格分别见图 5-2、图 5-3。

(四)绘制点之记

水准点埋设时现场绘制点之记,用钢尺实地丈量标石中心与至少 3 个不同方向的固定参照物之间的距离,测定点位概略坐标;内业使用 AutoCAD 2002 软件绘制 dwg 格式的点之记图表。

各种桩点按相应的规范制作和埋设。三等水准支线长度在 15 km 以内的可不埋标

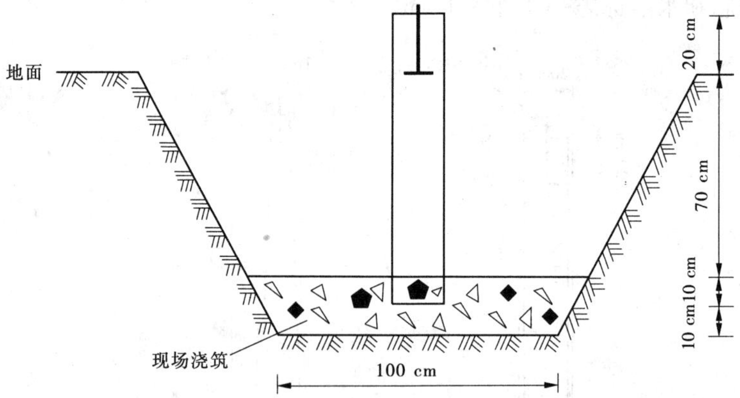

图 5-2　三等水准点埋设

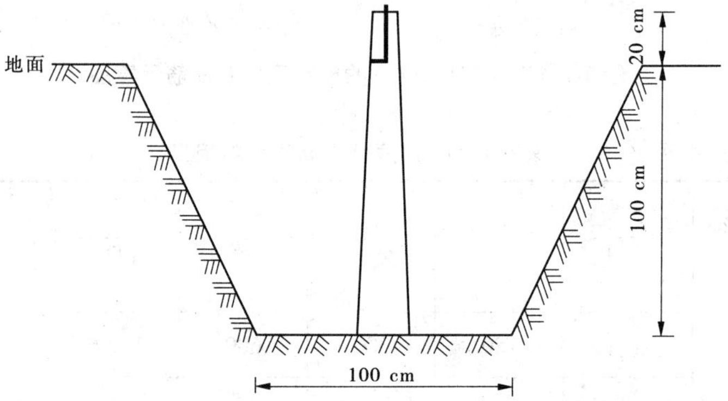

图 5-3　四等水准点埋设

石，否则每隔 10 km 左右埋设普通水准标石一座。

（五）三、四等水准测量

三、四等水准测量除严格按照《国家三、四等水准测量规范》（GB 12898—1991）执行外，还应遵守如下要求。

（1）采用的仪器必须是规范规定等级以上的水准仪。

（2）水准仪的检校必须有记录，检校记录随原始资料一起保存。

（3）三、四等水准测量可以采用电子软件进行记录，采用软件必须经过专业部门鉴定或经过业务主管部门验收，并有鉴定证书或验收证书。

（4）采用软件进行记录和计算的观测记录必须人工进行合理性检查，发现问题及时改正。

（5）在一条水准线路没有在当天观测完毕或中间必须离开观测现场时，必须设置间歇点，且进行间歇点对比观测，并有完整的间歇点对比观测记录，只有当其高差符合要求时方能继续向前观测。

（6）当测站间距离超过规范要求而中间又不能设置仪器时，可以采用全站仪高程导线测量方法，但此方法只能进行四等水准及以下级别的高程引测。

（六）作业前水准仪要进行相关检查并提供检查成果

（1）仪器的检视；

（2）概略水准器置平检校；

（3）十字丝的检校；

（4）测定 i 角，作业开始后一周内每天校测一次，若 i 角保持在 10″以内，以后每隔 15 d 校测一次。

（七）作业要求

三等水准测量采用中丝法进行往返测，每站的观测顺序为“后前前后”；四等支线采用往返测或单程双转点观测，观测顺序为“后后前前”，若水准路线上土质较软时，观测顺序亦采取“后前前后”。

作业时应注意以下几点：

（1）水准观测时，必须用测伞遮避阳光。

（2）连续在各测站安置水准仪的三角架时，应使其中两脚与水准路线方向平行，而另一脚应轮流置于路线方向的左侧与右侧。

（3）除路线拐弯处外，每一测站上仪器和前后标尺的三个位置尽量接近于一条直线。

（4）在同一测站观测时，不得有两次调焦。

（5）每一测段往、返测的测站数均应为偶数。

（6）扶尺员应牢记所扶尺的号码，标尺应小心地置于尺桩（尺台）上，两手自然地抓住标尺的耳环，并注意标尺水准气泡的居中，使标尺垂直于尺台（尺桩）上。工作中不得碰动尺台，如尺台被碰动，应立即报告测站。

（7）每一测站观测完毕向前迁站时，后视标尺扶尺员只有在得到记簿员的允许后，方能移站。

（8）四等水准测量可以采用单程双转点法测量，扶尺员应集中精力，以防左、右路线弄错造成返工。

四、GPS 固定偏差测定

水深测量的定位、高潮线的测定都应用 GPS。由于信标信号与当地控制点关系的不确定性，信标机所测点的位置和实际位置存在一定的偏差，为了保证测点位置的准确，在测量之前需要对测区分区进行 GPS 固定偏差测定。

偏差改正的测定方法为将信标机天线放置于已知控制点上，信标机所测该点位置和该控制点的已知位置之间的差就是 GPS 信标机的固定偏差。

为了保证定位精度，固定偏差分区范围在沿海岸方向不得大于 50 km。已知控制点应在偏差改正区的中央，当已知点不能满足要求时，要布设相应等级的控制网，补设平面控制点。进行平面测量时，要按照规范要求做好记录，并把记录作为原始数据在作业后提交。

使用手持 GPS 测定高潮岸线时，要对手持 GPS 的偏差进行改正。改正后经过重新测定，符合要求后方可进行测量。

GPS 偏差校测应当有完整的记录。

五、水深测量

（一）测线布设

按照任务书的要求进行测线布设。各测线位置参照 2007 年黄河三角洲附近海区水下地形测绘断面位置一览表，详见表 5-2。

为保证水深图的完整，各断面深水部分应测至与图廓交接处。

为了检验各测深线的精度，需要布设检查线。

检查线共布设 4 条，在北区和东区各布设 1 条垂直于测线的检查线，其范围在 10 m 水深左右。垂直线的测点应布设在测线上，最好和测线上的测点重合，在 24 线和 91 线各布设 1 条与测深线重合的检查线。

表 5-2　2007 年黄河三角洲附近海区水下地形测绘断面位置一览表

断面号	起点坐标		终点坐标		备注
	X	*Y*	*X*	*Y*	
1	4220000	20610000	4266000	20610000	取样线
2	4220000	20612000	4266000	20612000	
3	4220000	20614000	4266000	20614000	
4	4220000	20616000	4266000	20616000	
5	4220000	20618000	4266000	20618000	
6	4220000	20620000	4266000	20620000	取样线
7	4220000	20622000	4266000	20622000	
8	4220000	20624000	4266000	20624000	
9	4220000	20626000	4266000	20626000	
10	4220000	20628000	4266000	20628000	
11	4220000	20630000	4266000	20630000	取样线
12	4220000	20632000	4266000	20632000	
13	4220000	20634000	4266000	20634000	
14	4220000	20636000	4266000	20636000	
15	4220000	20638000	4266000	20638000	
16	4220000	20640000	4266000	20640000	取样线
17	4220000	20642000	4266000	20642000	
18	4220000	20644000	4266000	20644000	
19	4220000	20646000	4266000	20646000	
20	4220000	20648000	4266000	20648000	
21	4220000	20650000	4266000	20650000	取样线

续表 5-2

断面号	起点坐标		终点坐标		备注
	X	*Y*	*X*	*Y*	
22	4220000	20652000	4266000	20652000	
23	4220000	20654000	4266000	20654000	
24	4220000	20656000	4266000	20656000	
25	4220000	20658000	4266000	20658000	
26	4220000	20660000	4266000	20660000	取样线
27	4230000	20660000	4266000	20667500	
28	4230000	20660000	4266000	20674000	
29	4230000	20660000	4266000	20682000	
30	4230000	20660000	4266000	20689000	
31	4230000	20660000	4266000	20696000	取样线
32	4230000	20660000	4266000	20703000	
33	4230000	20660000	4266000	20715000	
34	4230000	20660000	4266000	20732000	
35	4230000	20660000	4263400	20750000	
36	4230000	20660000	4253600	20750000	取样线
37	4230000	20660000	4241400	20750000	
38	4230000	20660000	4230000	20750000	
39	4229000	20660000	4229000	20750000	
40	4228000	20660000	4228000	20750000	
41	4227000	20660000	4229000	20750000	
42	4226000	20660000	4226000	20750000	
43	4225000	20660000	4225000	20750000	
44	4224000	20660000	4224000	20750000	
45	4223000	20660000	4223000	20750000	
46	4222000	20660000	4222000	20750000	取样线
47	4221000	20660000	4221000	20750000	
48	4220000	20660000	4220000	20750000	
49	4219000	20660000	4219000	20750000	
50	4218000	20660000	4218000	20750000	

续表 5-2

断面号	起点坐标		终点坐标		备注
	X	Y	X	Y	
51	4217000	20660000	4217000	20750000	
52	4216000	20660000	4216000	20750000	
53	4215000	20660000	4215000	20750000	
54	4214000	20660000	4214000	20750000	
55	4213000	20660000	4213000	20750000	
56	4212000	20660000	4212000	20750000	取样线
57	4211000	20660000	4211000	20750000	
58	4210000	20660000	4210000	20750000	
59	4209000	20660000	4209000	20750000	
60	4208000	20660000	4208000	20750000	
61	4207000	20660000	4207000	20750000	
62	4206000	20660000	4206000	20750000	
63	4205000	20660000	4205000	20750000	
64	4204000	20660000	4204000	20750000	
65	4203000	20670000	4203000	20750000	
66	4202000	20670000	4202000	20750000	取样线
67	4201000	20670000	4201000	20750000	
68	4200000	20670000	4200000	20750000	
69	4199000	20670000	4199000	20750000	
70	4198000	20670000	4198000	20750000	
71	4197000	20670000	4197000	20750000	
72	4196000	20670000	4196000	20750000	
73	4195000	20670000	4195000	20750000	
74	4194000	20670000	4194000	20750000	
75	4193000	20670000	4193000	20750000	
76	4192000	20670000	4192000	20750000	取样线
77	4191000	20670000	4191000	20750000	
78	4190000	20670000	4190000	20750000	
79	4189000	20670000	4189000	20750000	

续表 5-2

断面号	起点坐标		终点坐标		备注
	X	*Y*	*X*	*Y*	
80	4188000	20670000	4188000	20750000	
81	4187000	20670000	4187000	20750000	
82	4186000	20670000	4186000	20750000	
83	4185000	20670000	4185000	20750000	
84	4184000	20670000	4184000	20750000	
85	4183000	20670000	4183000	20750000	
86	4182000	20670000	4182000	20750000	取样线
87	4181000	20670000	4181000	20750000	
88	4180000	20670000	4180000	20750000	
89	4179000	20670000	4179000	20750000	
90	4178000	20670000	4178000	20750000	
91	4177000	20670000	4177000	20750000	
92	4176000	20670000	4176000	20750000	
93	4175000	20670000	4175000	20750000	
94	4174000	20670000	4174000	20750000	
95	4173000	20670000	4173000	20750000	
96	4172000	20670000	4172000	20750000	取样线
97	4171000	20670000	4171000	20750000	
98	4170000	20670000	4170000	20750000	
99	4169000	20670000	4169000	20750000	
100	4168000	20670000	4168000	20750000	
101	4167000	20670000	4167000	20750000	
102	4166000	20670000	4166000	20750000	
103	4165000	20670000	4165000	20750000	
104	4164000	20670000	4164000	20750000	
105	4163000	20670000	4163000	20750000	
106	4162000	20670000	4162000	20750000	取样线
107	4161000	20670000	4161000	20750000	
108	4160000	20670000	4160000	20750000	

续表 5-2

断面号	起点坐标		终点坐标		备注
	X	*Y*	*X*	*Y*	
109	4159000	20670000	4159000	20750000	
110	4158000	20670000	4158000	20750000	
111	4157000	20670000	4157000	20750000	
112	4156000	20670000	4156000	20750000	
113	4155000	20670000	4155000	20750000	
114	4154000	20670000	4154000	20750000	
115	4153000	20670000	4153000	20750000	
116	4152000	20670000	4152000	20750000	取样线
117	4151000	20670000	4151000	20750000	
118	4150000	20670000	4150000	20750000	
119	4149000	20670000	4149000	20750000	
120	4148000	20670000	4148000	20750000	
121	4147000	20670000	4147000	20750000	
122	4146000	20670000	4146000	20750000	
123	4145000	20670000	4145000	20750000	
124	4144000	20670000	4144000	20750000	
125	4142000	20670000	4142000	20750000	取样线
126	4140000	20670000	4140000	20750000	
127	4138000	20670000	4138000	20750000	
128	4136000	20670000	4136000	20750000	
129	4134000	20670000	4134000	20750000	
130	4132000	20670000	4132000	20750000	取样线

(二)测深仪比测和换能器入水深度测定

1. 测深仪比测

测深仪的测深精度受水温、含盐度及仪器自身的性能等因素影响。为了保证测深精度,在测量过程中要对仪器进行比测。

同一测区,每台仪器应于测深开始第一天的测前和测后进行改正数的测定(测前和测后检查时间应控制在测深开始与结束的前后 1 h 以内)。相同深度测前、测后改正数差不得超过 ±0.2 m。以后每隔 15 d 测定一次,在此期间内每天开始测深前只需对比一个水深,当发现与第一天的改正数曲线相同深度比较超过 ±0.2 m 时,应立即重新进行测前、测后仪器改正数测定。每天比对一个水深时，水深应大于5 m，且应在测区进行。

比测测深仪时，每次测前和测后的检查点规定如下：当 $\Delta Z \leqslant 5$ m 时，应检查2个点（最浅、最深）；当 $\Delta Z > 5$ m 时，应检查3个点（最浅、中间、最深）。ΔZ 为测区最浅、最深水深的差值。

比测方法采用测深锤：要求测深锤的拉绳必须使用伸缩性较小的材料制成，每次测前和测后应检验拉绳，检验时，读至cm。

在水深大于5 m的地方比测测深仪时，应用声速仪测记换能器位置处声速。

2. 换能器入水深度测定

依据海道测量规范使用简便方法进行动态吃水测定。

水深测量过程中，由于淡水及燃料消耗，测船的静态吃水发生变化，因此在每天作业前观察测船的静态吃水，并根据观测结果改正测船的吃水深度，每次改正均应有改正记录。

动态吃水改正数的测定方法：测船在一测点静船时测定其测点位置和水深，然后启动测船，达到一定的航速后测量同一测点深度，两次水深差就是动态吃水改正数。

六、水深测量

（1）水深测量使用数字测深仪进行，水深记录采用模拟记录纸和数字测深两套方法，以数字测深为主，记录纸水深作为校核。

（2）测点位置以GPS信标机测定，其测点采用距离法控制，测点间距不得大于任务书要求。

（3）作业期间，测验人员应当坚守工作岗位，密切注意仪器的运行状况，发现异常或出现问题及时处理。

（4）在每天作业前和作业结束时，作业人员应当检查换能器的入水深度，并在测深仪记录纸上的开始和结束处记录其吃水深度。

（5）当一条测线上异常测点超过该线测点总数或缺测线长超过总线长的5%时，该测线应重测。

（6）测船应当按照设计测线航行，其测点点位偏线距不得超过100 m。

（7）在进行船测水边线和水边附近测点的测量时，浅滩船应当经常和潮位站联系，掌握潮汐变化情况，测验时间安排在高潮前0.5 h和高潮后1.5 h之间进行，保证每一测线上应用一个水边点，水边采用测点加估读水边距离确定。

（8）在进行现黄河口测量时，采用左右及中泓3条测线施测。若采用GPS信标机测量，应当布设水位站。水位站的设置位置以测验时的流量大小确定。当利津水文站流量大于500 m^3/s 时，在汊1、汊3和汊3以下6 km处设置水位站；否则，在汊1、汊3设置水位站。若采用GPS-RTK测量，应当进行校桩。

在进行跨河嘴部分测线的测量时，由于这些测线被河嘴部分断开，水位较浅，测船不容易通过，因此跨河嘴部分除在高潮时施测外，不能行船的位置处要进行人工补点，测点间距不得大于300 m，在变化转折处增加测点，补测测点在内业参加整理计算。

（9）潮沟测量：在水面宽度大于100 m时采用双线测量，即测量潮沟的两个水边，当水面宽度小于 100 m 或水位较浅时,可采用中泓一线法测量。

(10)检查线测量应当在该区测量完成后进行。为了消除潮汐变化带来的误差,在进行平行检查线的测量时,其检测时机应尽量安排在和原测线测量时相同的潮汐变化时段。

七、高潮线测量

高潮线测量是本任务的重要工作之一。高潮岸线测量时,测量人员使用 GPS 手持机或 GPS 信标机沿比较明显的潮痕(即大体相当于平均高潮线)逐点测量,测点距离不得大于 1 km,高潮线转折处加密测点,以能控制高潮线的转折变化为原则。

为了保证高潮线测量顺利进行,测量人员必须现场勾画草图,草图应注明测量日期和地点,晚上收工后在计算机上对照草图用绘图软件将当日的数据处理完毕,草图随同原始数据一块作为资料上交,亦作为高潮线审校的主要依据之一。

八、潮汐观测

(一)潮位站的布设

根据历次勘察情况和测区的潮汐变化规律,测区共布设 18 个潮位站。各潮位站概略位置如表 5-3 所示,也可以根据实际的地形情况进行设站。

表 5-3　潮位站概略位置

编号	地点	X	Y	改正测线名称
200701	杨克君河口	4223000	20617500	测线 1 ~ 测线 6
200702	湾湾沟口	4224000	20625500	测线 7 ~ 测线 11
200703	二河口	4223500	20637000	测线 12 ~ 测线 16
200704	四河口	4227500	20643000	测线 17 ~ 测线 20
200705	一零六沟口	4225000	20656000	测线 21 ~ 测线 26
200706	十八井	4224500	20665500	测线 27 ~ 测线 44
200707	桩西海港	4220000	20672000	测线 45 ~ 测线 53
200708	五号桩坝头	4212000	20673500	测线 54 ~ 测线 58
200709	贝类样板园	4207000	20675000	测线 59 ~ 测线 63
200710	孤东验潮站	4202000	20681500	测线 64 ~ 测线 68
200711	三号排涝站	4195500	20685000	测线 69 ~ 测线 74
200712	新河口北烂泥	4191000	20698000	测线 75 ~ 测线 81
200713	截流沟口	4177000	20705500	测线 82 ~ 测线 96
200714	清水沟老河口	4170000	20706000	测线 97 ~ 测线 103
200715	永丰河口	4157500	20673500	测线 104 ~ 测线 117
200716	广利河口	4138500	20676000	测线 118 ~ 测线 128
200717	小清河口	4132000	20676000	测线 129 ~ 测线 130
200718	刁龙嘴	4140000	20750000	测线 116 ~ 测线 130 线头

其中桩西海港和截流沟口为短期潮位站，其余为临时潮位站。

（二）潮位站水尺设置

潮位观测采用木桩直立式水尺观读，需要进行水尺设置和水尺零点高程的引测。

潮位站水尺设置原则：

（1）水尺前方应无沙滩阻隔，海水可自由流通，且能充分反映当地海区潮汐情况的地方；同时水尺应设在能牢固设立，受风浪、急流冲击和船只碰撞等影响较小的地方。

（2）每个潮位站设置的水尺不得少于3个，木桩采用直径不低于0.1 m的木桩，入泥深度以保证水尺稳固为原则。

（3）设立的水尺，要求牢固，垂直于水面，高潮不淹没、低潮保证读数不低于0.3 m，两根水尺的衔接部分至少有0.3 m的重叠。

（4）为了校测水尺方便，当四等水准点距水尺较远时，应在水尺附近岸边设置工作水准点，工作水准点可用木桩代替。

（5）水尺的设置要考虑潮位站人员的安全、生活和交通方便。

（6）潮位站设置后用GPS测定其平面位置并记录在潮位站考证中。

（三）高程引测

（1）在18个潮位站中，除新河口北烂泥、刁龙嘴两个潮位站用潮面水准推求高程外，其余均为几何水准推求水尺零点高程。

（2）凡用几何水准引测的验潮站，其水尺至少有一根水尺零点是用水准引测高程的。各水尺零点之间的相互高差，可在海面平静时，用潮面水准或等外水准的方法测定。水面水准法要求两根水尺高潮平潮时每隔10 min同时进行1次读数，连续读数3次，其高差互差不得超过3 cm，取中数使用，超限者应重测。

（3）几何水准引测的潮位站水尺零点高程以四等水准引测，引据点可以是四等水准点，也可以是工作水准点，工作水准点从四等水准点引测四等水准高程。

（4）潮位观测时间超过一个月的潮位站应当每月至少校测一次水尺零点高程。当水尺发生碰撞或遭遇较大风暴后怀疑水尺变动时，应及时校测水尺零点高程。

（5）当水尺的瞬时水深读数小于（含）0.3 m时，应更换水尺。更换水尺时，应同时读取两根水尺的读数，其差值不得大于2 cm，并记入手簿相应栏内，原水尺读数供校核。

（6）当水尺将要晰出或将被淹没时，必须立即增设新水尺，可先观测，然后用水面水准或等外水准得出水尺零点高程。

（7）在进行水尺设置时，一般要求先测定水尺零点高程，然后再进行潮位观测。由于特殊原因来不及测定水尺零点高程时，可以先设置水尺并进行潮位观测，在条件允许后立即进行水尺零点高程的引测或将水尺零点高程关系引测至附近的固定点，然后进行高程引测。无零点高程的水尺潮位观测时间不得超过2 d。

（四）潮位观测

（1）使用直立式水尺直接观读水尺读数，记至cm，应在1时、7时、13时、19时观测风向、风力、并记载天气状况，如阴、雨、晴、雪等。

（2）一般潮位站每0.5 h观读一次，桩西海港、五号桩坝头等潮汐变化复杂的潮位站，高、低平潮及其前后1 h和潮位变化异常时，每隔10 min观测一次，以能准确测出高低潮为原则。

(3)在大风浪、海面波动不稳定时,可取波峰和波谷的平均值作为水尺读数。

(4)当风向风力等发生变化时,应随时观测潮位,并做好记录;当风力超过 6 级时要记录大风开始及结束时刻。

(5)为了进一步了解海区大的潮汐变化规律,在桩西和截流沟口设立短期潮位站,观测时间自测验开始至结束。其余潮位观测应与该站控制区域的水深测量同步。为了保证潮位改正的连续,满足潮位站之间测线水深改正的需要,相邻潮位站同步观测时间应大于两潮位站之间的测深时间,并有 24 h 以上的同步观测数据。

(6)使用潮面水准推求高程的潮位站应当至少有 7 d 以上的同步观测数据。

(7)使用潮面水准推求水尺零点高程的潮位站,其水位观测时间应当较水深测量提前 1 h 开始,水深测量结束后 2 h 结束。

(8)验潮站所用的钟表,每天必须与北京时间校对一次,并记在手簿的备注栏内,其表差应不大于 1 min。

(9)因故漏测时,应按实际观测时间的数据记载,不得擅自插入水位读数。

九、潮汐改正

潮汐改正是海域测量的重要内容,它直接关系到测验成果的质量,因此应当重视。由于该海区没有条件设置深水潮位站,因此本项目采用岸边潮位站潮位直接改正水深。潮位改正采用分区的方式,各潮位站概略改正分区如表 5-3 所示。

在本站控制范围内的测深线水深,按照潮位站实测曲线改正,当相邻潮位站最大潮差超过规范规定时,应当进行分带。

十、底质取样

为了解测验海区泥沙运移及沉积情况,在水深测量的同时,在部分水深测线上采集底质泥沙样品,根据任务书要求和测区的实际情况,整个测区每 10 km 布设一条底质取样断面,岬角区布设两条取样断面,开始和最终断面采取海底质样品,全测区共布设 18 条底质取样断面,分别是测线 1、6、11、16、21、26、31、36、46、56、66、76、86、96、106、116、125、130。

在每个取样断面采取海底质表层 0.5 m 以内沙样 7 ~ 9 个,其分布为浅滩 2 ~ 3 个、前缘急坡区 2 个、深水区 3 ~ 5 个,每个海底质样品不得少于 15 g。

沙样分析用激光粒度仪分析。

十一、资料整理

工作内容包括基本资料整理与资料改算和冲淤计算。

外业测量结束后,即进行资料整理,整理过程中严格执行有关规范及技术细则,完成初作、校核、复核三遍校算手续。经过整理的资料要求达到:方法正确,数字无误,说明完备,字迹清晰,表面整洁,小错错误率小于 1/2 000。

(一)基本资料整理

(1)对所有外业测量取得的原始资料经过 3 遍校算手续,经初审确认无误后,方可进入成果编制阶段。

(2)水深数据以数字记录为主,记录纸水深作为校核。

(3)在上述校算的基础上编制下列成果:潮水位站考证簿,水深测量潮汐改正曲线图。

(4)潮汐改正,计算黄海基面下水深,最后编制断面实测成果表及高潮岸线实测成果表。

(5)泥沙颗粒分析工作完成后,编制底质泥沙颗粒级配成果表。

(6)基本资料审查:基本资料完成上述整理后,由山东水文水资源局组织对上述资料进行审查。审查时,原始资料抽取30%审查,成果表全部审查,着重合理性检查,对成果有关键性影响的资料全部进行审查。

(二)资料改算和冲淤计算

利用换算后的断面施测成果对以往测次进行断面冲淤计算和冲淤体积计算。

十二、水深图的编绘

(1)编绘中间图:由于彩色图编绘印刷周期较长,因此为不影响有关单位使用,完成上述资料整理后,编绘黑白中间图一套。中间图比例尺:1∶100 000,采用新高程系统数据绘制。

(2)编绘泥沙沉积类型图:根据泥沙颗粒分析成果表编绘泥沙沉积类型图。

(3)项目复验结束后,编绘彩色水深图:该水深图为测绘最终成果,陆地部分应尽量采用最新的三角洲陆地地形图。

(4)所有水深图、沉积物类型图,均要求提供纸质图和电子图。

十三、项目总结

项目作业完成后需要进行项目总结,其主要内容分技术总结和工作报告。

(一)技术总结

技术总结包括总述、专项总结、结论、经验教训和建议。专项总结又包括控制测量总结、水深测量总结、高潮线测量总结等。各项内容的编写参考《海道测量规范》(GB 12327—1998)63页的有关要求。

(二)工作报告

工作报告的主要内容:

(1)项目来源、目的及要求。

(2)工作开展情况:包括工作内容、工作技术路线,工作中的创新及解决的关键问题,工作进度,存在的问题及处理结果,投入的人力、物力情况等。

(3)取得主要成果及社会、经济效益分析。

(4)对成果质量评价。

十四、检查验收

按照任务书的要求,本项目采取项目检查、初步验收、复验和最终验收的步骤。

(一)项目检查

项目检查在项目的实施过程中分批进行:桩点埋设完毕检查桩点的埋设情况,控制测量完成后检查控制测量质量,海上外业完成后检查海上外业测验情况,检查只对重点数据进行检查,不全面审查。项目检查由该项目技术指导小组会同有关技术部门进行。

项目检查时应当记录检查情况和对问题的处理情况。

(二)项目初步验收

项目的初步验收由山东水文水资源局负责组织。

(三)项目初步验收需提供的资料

1.原始资料(含有关说明资料)

(1)桩点埋设资料:各水准点点之记(纸质、电子 dwg 文件);

(2)水准路线图:原始记录(纸质、电子);

(3)三、四等水准观测手簿(含 i 角检测资料)(纸质、电子);

(4)平面控制测量原始资料(纸质、电子)(如没有布设新平面控制点该项不要);

(5)潮位观测记载簿(纸质);

(6)测深仪比测记载表(纸质);

(7)测深仪记录纸(纸质);

(8)测深定位原始资料(纸质、电子);

(9)高潮岸线定位原始资料(纸质、电子)(包括草图);

(10)各种仪器的法定鉴定材料(复印件)。

2.计算资料

(1)水深测量潮汐改正曲线(纸质);

(2)滨海区水深计算资料(纸质、电子);

(3)三、四等水准点高差和高程表(纸质、电子);

(4)各高程引据点新旧高程差计算表(纸质、电子);

(5)断面冲淤计算表(纸质、电子)。

3.成果

(1)××××年测深断面实测成果表(新高程)(纸质、电子)(含检查线);

(2)底质泥沙颗粒级配成果表(纸质、电子);

(3)高潮岸线实测成果表(纸质、电子);

(4)潮位站逐时潮水位表(纸质、电子);

(5)水深测量成果中间图(纸质、电子 dwg 文件);

(6)××××年测深断面施测成果表(老高程)(纸质、电子);

(7)××××潮位站考证簿;

(8)测深断面冲淤比较图;

(9)××××年滨海区冲淤体积计算表;

(10)水深测量成果图(1:200 000,不分幅)(电子、纸质)。

十五、时间要求

制定项目开展的情况表,以保证项目的顺利实施。

十六、其他要求

（1）项目实行电子文档管理，因此要求各项工作注意对电子文档的保存，并按照关系清晰的原则保存在适当的文件夹内。

（2）在项目的实施过程中，当出现新情况需要改变测验要求时，要及时上报，较大问题上报，在得到同意批复后才能变更。

（3）项目实施过程中，对出现的问题要详细记录，并记录问题的处理情况，在进行资料整理时一并整理上交。

（4）各项成果资料应当按照档案要求装订成册。

第六章　水文泥沙因子测验

黄河口水文泥沙因子测验工作是研究黄河口区域流场情况，特别是拦门沙区水文泥沙的变化规律，为研究拦门沙的消长过程和河口治理规划提供科学依据而进行的一项基础工作。水文泥沙因子测验的要素主要有流速、流向、水深、含沙量、表层底质、含盐度、潮汐、水温、气象等。

第一节　测验方案的制订

水文泥沙因子测验的方式是多船同步观测，一般情况下沿河流主流线布设 5 ~ 9 个站，但拦门沙坎顶及内、外需各布设一个测站。根据服务对象的需要，在河口区布设测站。测站布设一般沿河流入海的方向，每次布设 5 ~ 9 个测站。以测验河口及河道水文泥沙因子为重点的工作，布设 9 个测站，河道内布设 3 个断面，其中上游 2 断面只布设 1 个测点，河口断面布设 3 个测点，主要计算纳潮量，剩余 4 个沿入海流方向布设；以测验河口潮流水文泥沙因子为重点的工作，可布设 5 个测站，测站的布设沿涨潮流和落潮流方向布设，同时覆盖河口口门，站点分布均匀。

一、测站的布设

收集最新的测区水深图，然后在图上布设测站。同时在图上摘录测点坐标，填入表 6-1。

表 6-1　水文泥沙因子测站布设表

站号	位置		水深（m）	备注
	X	*Y*		

二、测点的布设

不同的测站，根据水深的不同采用不同的方法。大于 5 m 水深的采用五点法，小于 5 m 水深的采用三点法。详见表 6-2。

表 6-2　测站测点布设

水深(m)	测点数目及位置(相对水深)
≤5	三点法(表层、0.6、底层)
>5	五点法(表层、0.2、0.6、0.8、底层)

三、验潮站的布设

水文泥沙因子测验期间,在岸边设立两处潮位站同时观测。观测频次按照《海滨观测规范》(GB/T 14914—1994)进行。

四、测验时机及测验历时

为了解不同河水流量级下河口区水文泥沙因子的变化情况,选择不同流量级下安排测验。截至目前,曾在 1 000 m^3/s 及 3 000 m^3/s 流量级下进行过观测。

水文泥沙因子测验历时小少于 25 h。

五、观测项目

各站观测项目为:逐时观测水深、流速及流向,双时取样检测含沙量、含盐度,2 时、8 时、14 时、20 时观测表层底质,双时观测表层水温,双时观测风向和气温。

六、人员分工

由于水文泥沙因子是多船同步观测,因此外出作业应该根据人员的技术情况,制定人员分工。测验人员严格按照分工展开工作,不能因为分工不明确造成工作的失误。一旦有一项工作失误或者延误,所有的工作都会受到影响,可能造成所有测站返工重测的情况。

七、安全规定

海上作业,安全第一。因此,作业前要制定详细的安全规定,以保证参加测验人员的生命安全及仪器设备的安全。

(1)所有参加测验的人员都必须牢固树立“安全第一”的思想,切实做好安全工作。

(2)成立测验工作安全领导小组,全面负责测验的安全生产工作。

(3)凡水上工作人员均应穿戴救生衣,船体外作业要有一人保护或有防范措施,夜间值班必须同时有两人以上共同值班,以便相互照应,严防人员落水。

(4)外业工作期间,不论何人均严禁饮酒,对因饮酒而影响工作者要从严处理。

(5)外业工作中,要注意饮食卫生,防止中毒事故的发生,确保人身健康。

(6)各测船所用仪器、物品要有专人严加管理,妥善放置,以防丢失或因船舶颠簸而掉入水中。

(7)所有测验资料要有专人负责保管,严禁丢失和缺损。

(8)出工、收工途中,押车人员主要由各测站负责人负责,要注意看管好车上的物品、严禁丢失或损坏。

(9)各样品在装卸中,要轻搬轻放,严禁损坏。

八、工作纪律

(1)设立指挥船,负责各测站的定位及测验指挥。

(2)测验期间,任何人不得请假,随时听从安排,做到招之即来、来之能战。

(3)值班人员要安排好电台值班,昼夜保持与外业联系,以保证外业测验物品随需随送,供应及时。

(4)水文泥沙因子测验是一项完整的工作,必须同步进行。为保证统一行动,所有参加测验人员都必须无条件服从指挥,工作人员必须按规定项目和操作规程进行,不得擅自行动,如需变更有关事项需报指挥船批准后方可实施。

(5)参加外业测验人员要树立同风浪作斗争的思想,要努力克服各种困难,把这项测验工作保质保量地完成好。如遇天气变化需中断测验,由指挥船统一安排避风,大风过后要立即复位观测;无特殊情况严禁中断观测,如遇意外情况需中断观测者须报请指挥船批准。

(6)各测船均要配备通讯设备,所配备单边带的测船使用统一频率,各站呼号按测站号呼叫(如 HK01 站号为 01),指挥船直接呼叫指挥船。

(7)严禁使用电台取闹、嬉戏,影响工作正常进行。

第二节　测验技术要求

一、基本要求

(1)观测项目原始记录,一律用 3H(或 4H)黑色铅笔书写,可随观测随填入规定的记载表内,不得转抄,严禁伪造资料,填写时字迹要端正、清楚。

(2)原始数据不得涂改或用橡皮擦拭、若记错需要改正时,应在原始记录上划一横线,在其上方填写正确的数字;若数据中某一数码写错,应将整个数据划去重写。

(3)观测时间一律按北京标准时间计,所用钟表每天至少与北京标准时间对时一次,若对时误差超过 2 min 时应将钟表进行校正。观测中若因故延迟观测时间,应填写实际观测时间,并在备注栏内说明原因。

(4)建立值班制度,严格交接班手续,交接班时要将观测记录及存在的问题交接清楚。

(5)观测中所有计算数据,一律执行“四舍五入”法,凡有两数以上加减或乘除者,均按先计算、后进舍的原则处理。

二、测验项目要求

(一)流速流向观测

1. 观测仪器

流速流向使用直读流速流向仪逐时进行观测,流速测至 0.01 m/s,流向测至度(°)。

2. 流速流向测量的要求

1）流速流向仪悬吊方式

可以使用悬杆悬吊，也可以使用绞车缆绳悬吊；流速较大的测站要使用绞车缆绳悬吊，并配30～50 kg的铅鱼。

为了保证测量精度，使用铁壳船时，仪器离开船体要大于1.15 m。

2）流速流向测点分布

水深小于等于5 m为三点法，水深大于5 m为五点法。

3）流速测点定位

（1）在测点上测流速时，应使仪器呈水平并平行于测点当时的流向。

（2）应使仪器在每一测点上的入水深度等于预定的测点深度。

（3）在水面附近测点测速时应使仪器至船边的距离大于0.5 m，且入水深度应漫过旋桨。

（4）测速过程中，测船不宜摆动。

4）测点流速测量

（1）测速历时。每个测点的测速历时为100 s。

（2）测速方法。当流速 >0.20 m/s 时，可将旋纽置于直读挡，直接读取流速，流速记至cm/s，当流速≤0.2 m/s时，使用记数挡，记录总历时和总转数，然后再根据公式计算出流速。

（3）测验顺序为自水面向海底。

（4）测定憩流。候测憩流时将仪器放至0.4 m水深。当历时180 s无讯号时，又确认仪器无故障，则视为憩流。

（5）流向测量。使用直读流速流向仪测定流向的磁方向，然后进行磁差改正换算为真流向。黄河口区域磁偏差为偏西7°，故测得磁流向减去7°得真流向，流向记至(°)。

3. 流速、流向仪使用方法

流速、流向仪的使用要严格按照仪器说明书的说明安装和使用仪器。

（二）悬移质泥沙测验

1. 取样频率

悬移质泥沙取样每双时进行一次，开始及终了必须取样。

2. 悬移质泥沙测验仪器

（1）使用横式采样器（1 000 mL）或锤击式采样器（2 000 mL）取样。

（2）所采取水样容积与采样器本身的容积相差不得超过±10%，否则应重取。

3. 水样容积

规定每个悬移质水样为2 000 mL。

4. 量积的要求

水样容积使用量杯应在取样后立即量积后再装入水样桶内，量积的读数误差不得大于水样容积的1%。

5. 含沙量

含沙量用置换法测定。泥沙颗粒分级根据已有的设备而定。

（三）海底质取样

1. 取样频次

海底质取样要求每天在2时、8时、14时、20时取样，测验开始及终了必须取样。

2. 取样仪器

水深小于5 m的测站使用杆式采样器取样，大于5 m的使用锚式或抓斗式采样器取样。

3. 取样要求

海底质沙样为采取海底表层0.1~0.2 m以内的沙样，每个沙样重量一般不少于1 000 g。

（四）含盐度测验

（1）含盐度水样的采取与悬移质取样同时进行；

（2）含盐度水样取样器同悬移质取样一样；

（3）所取水样注入500 mL瓶内，用蜡密封好，以免蒸发；

（4）样器容积以接近满瓶为宜。

（五）水深测量

1. 测深工具

可以使用测深杆、测深锤或测深仪。可根据测站的水深情况或测验装备情况确定使用的测深工具。

2. 测深精度

测深允许误差为0.1 m。为了保证测深的精度，使用测深杆或测深锤测深时，要重复测量3次，互差小于0.1 m才能满足要求。使用测深仪测深时，测深前要进行比测，比测满足要求后方可使用。

（六）水温观测

水温观测分为表层水温观测与测点水温观测，观测时间为与含盐度取样同步进行。

1. 表层水温观测

表层水温观测使用表层水温表观测：表层水温是指海面以下0.5 m层内的水温，水温读至0.1 ℃。

2. 测点水温观测

（1）观测层次与含盐度取样层次一致；

（2）使用HM-2型电测海水温度计进行观测。

（七）气象观测

1. 风速风向观测

（1）观测时间。双时进行一次观测，风向按16方位计，风速记至0.1 m/s，无风时风速记“0”、风向记“c”。

（2）使用手持风速风向仪观测，使用方法见说明书。

2. 气温观测

（1）气温为每双时观测一次，气温记至0.1 ℃；

(2)使用手摇温度表及最低气温表观测。

(八)潮水位观测

(1)潮水位观测要求。水位观测采用直立式水尺人工观读潮位,自设站即开始观测,撤站终止,观测方法为每0.5 h观读一次潮位。高低潮附近前后1 h每10 min观读一次潮位。

(2)水尺零点高程确定。尽可能使用几何水准测定,不能使用的采用潮面水准推求,但潮面水准不能少于3 d的同步观测资料。

(3)水位观测不少于25 h。

三、观测记载表的填制要求

(一)同步水文泥沙因子测验记载表

(1)站名。填写各测站站名,即HK01、HK02、HK03、HK04、HK05。

(2)站位。填写各站的实测位置,外业测验中不知道的可回单位后填。

(3)测速时间。一律填测速的开始时间。

(4)水深。填实际测得水深。

(5)测点位置。相对栏内填相对位置,"测点深"栏填写实测水深与相对数值的乘积数,表层填0.5 m,底层填实测水深减0.5 m后的数值。

(6)测速记录。测点历时:一般填100 s,当使用记数挡时,填实际历时;测点流速:当使用直读挡时填实际流速,使用计数挡时,根据公式计算出流速填入表内。

(7)磁流向。将两次测得磁流向填入Ⅰ、Ⅱ栏内,然后计算平均值。

(8)磁差。本海区磁差为偏西7°,填"-7"。

(9)真流向。磁流向+磁差(即磁流向减去7°)。

(10)悬移质编号。填水样桶编号。

(11)沙样容积。填现场实际量得的容积。

(12)河床质编号。填沙样瓶编号。

(13)含盐水样编号。填水样瓶编号。

(14)备注。填写流速流向仪器号及公式,以及其他需说明的问题。

(二)同步水文泥沙因子辅助项目观测记载表

(1)站名。站位同步水文泥沙因子测验记载表。

(2)时分。填测次的开始时间。

(3)测点深。填相对值换算后的水深。

(4)测得风速。填手持风速仪指示风速。

(5)实际风速。填由测得风速在坚定曲线上查得的瞬时风速。

(6)风向。手持风速风向仪测得风向,记录方法为:E、SEE、SE、SES、S、SWS、SW、SWW、W、NWW、NW、NWN、N、NEN、NE、NEE。

(7)气温。填实测气温。

第三节　历次黄河河口拦门沙泥沙因子测验情况

1984年，在“全国海岸滩涂资源调查”项目的资助下，首次对黄河河口拦门沙区进行水文泥沙同步测验。此后，1987年和1989年在“黄河河口入海流路规划”专项和黄委会科技发展基金资助下，又进行了两次拦门沙区水文泥沙同步测验。

一、1987年9月10～13日的测验

此次测验期间利津站的日平均流量为957 m^3/s。从清7断面至口门外10 m水深处沿河流主流线布设10个测站，其中口门内设8个站、口门外设2个站，连续观测3昼夜。流速流向每1 h施测1次，含沙量、含盐度每2 h测1次，对泥沙作颗粒分析。

测站位置使用304－Ⅰ型无线电定位仪测定；流速、流向测验使用水文绞车悬吊直读式流速流向仪施测；含沙量使用横式采样器取样，用置换法分析计算含沙量；泥沙颗粒分析使用光电颗分仪；含盐度使用横式采样器取样，用盐度计分析含盐度。

河口水文实验站完成测验资料的在站整编后，济南水文总站组织审查，编制了实测流速、流向成果表，实测含沙量成果表，实测含盐度成果表，实测泥沙颗粒级配成果表，然后对实测资料进行了系统分析，编撰了《黄河口拦门沙实测资料初步分析》总结报告。报告确认了河口拦门沙体的范围，在河流入海流量1 000 m^3/s下，清水沟流路的潮流界和潮区界及含盐水流在河口入侵的范围等。

二、1989年测验

1989年测验情况与1987年大体相同，测验历时仅为1昼夜的连续观测。最后编撰成《黄河口拦门沙区泥沙运动规律》。

第七章　海流观测

海水运动是乱流、波动、周期性潮流与稳定的“常流”综合作用的结果。这些流动具有不同尺度、速度与周期，并且随风、季节和年份而变，其强度一般由海表面向深层递减。

海流观测是海水运动空间尺度较大（大于 5 km）、时间尺度较长（周期超过 12 h）的运动，其中包括潮流和常流（余流）两部分。因此，乱流与波动排除在外。潮流是伴随着潮汐涨落现象所作的周期性变化的海水流动。它是由月亮与太阳的引潮力引起的，其变化周期主要有半日和全日两种。因此，又有半日潮与全日潮之称。

海洋中除了由引潮力引起的周期性潮流运动外，海水还有沿一定路径、方向且基本朝向一个方向的大规模运动，这种准定常运动称为常流（余流）。它是由各种原因，如风的作用、海洋受热不均匀、地形的影响等产生的。常流有点像陆地上的江河，它可以把一个区域的海水输送到另一个区域，但是它比江河的能量大得多，强大者其宽度有时可达 200 km，深度可达 2 000 m 左右。它所能输送的水量，要比陆地上所有大小江河输送水量的总和还要大几十倍。

进行海流观测时，要按一定时间间隔持续观测一昼夜或多昼夜，所得到的结果是常流和潮流运动的合成。对一昼夜或多昼夜获得的资料，经过计算，可将这两部分分离开来。水平方向周期性的流动称为潮流，水平方向其他部分称为常流，也称余流或统称海流。

掌握海水流动的规律非常重要，它可以直接为国防、生产、海运交通、渔业、建港等服务。海流与渔业的关系很密切，在寒流和暖流交汇的地方往往形成良好的渔场；在建港中要计算海流对泥沙的搬运，在海上交通中要考虑顺流节约时间等。另外，了解海水的运动规律，对海洋科学其他领域研究有密切的关系。例如，水团的形成，海水内部及海气界面之间热量的交换等均与海流研究有关。除了这些众所周知的功能外，黄河三角洲附近区域的海水流动还有着输移泥沙的作用。因此，掌握这一区域的海水流动规律，对于河口治理，选择入海流路有着非同一般的意义。

第一节　海流观测方法

海流的观测包括流向和流速两项。单位时间内海水流动的距离称为流速，单位为 m/s 或 cm/s，流向指海水流去的方向，单位为度（°），正北为 0°，顺时针旋转，正东为 90°、正南为 180°、正西为 270°。海流观测层次参照温度观测层次，或根据需要选定，但海流观测的表层，规定为 0 ~ 3 m 以内的水层，由于船体的影响（流线改变或船磁影响），往往使得流速、流向测量不准。

海流连续观测的时间长度不少于 25 h，至少每 1 h 观测一次。预报潮流的测站，一般应不少于 3 次符合良好天文条件的周日连续观测。在测量海流的同时，还要同时进行风速、风向等气象要素的观测，以便对海流变化提供客观分析依据。

伴随着科学技术和海洋学科本身的不断发展，观测海流的方式也在不断地改善和提高。按所采用的方式和手段，观测海流的方法大体分为随流动进行观测的拉格朗日方法和定点的欧拉方法。

一、浮标漂移测流法

浮标漂移测流法是根据自由漂移物随海水流动的情况来确定海水流速、流向，主要适用于表层流的观测。最早的漂移物就是船体本身或偶然遇到的漂浮物，以后逐渐发展成使用人工特制的浮标。浮标漂移测流法虽然是一种比较古老的方法，但在表层观测中具有方便实用的优点，而且随着科学技术的发展，已开始应用雷达定位、航空摄影、无线电定位等工具来测定浮标的移动情况，这样可以取得较为精确的海流资料。

浮标法测流是使用浮子随海流运动，再记录浮子的空间、时间位置。为此，使用表面浮标、中性浮标、带水下帆的浮标、浮游冰块等。这些方法具有主动和被动性质，因此可以借助于岸边、船上、飞机或者卫星上的无线电测向和定位系统跟踪浮标的运动。测较大深度的流速或流向则采用声学追踪中性浮标方法。

浮标法测流是在拉格朗日坐标系统中进行的，取起始坐标和从开始时间起所经过的时间 $\tau - \tau_0$ 为独立变量。流动坐标由下式确定：

$$x = x(x_0, \tau - \tau_0), x_0 = (x_0, \tau_0)$$

流速可确定为坐标对于时间的导数：

$$v(x, t - t_0) = \frac{\partial}{\partial x} x(x, t - t_0)$$

$$x - x_0 = \int_{t_0}^{t} v(x_0, t - t_0)\,\mathrm{d}t$$

（一）漂流瓶测表层流

漂流瓶（又称邮漂）通常被用来研究海流的大致情况。根据漂流瓶的漂移路径及所用时间，就可以大致地确定流速和流向。

（二）双联浮筒测表层流

双联浮筒是浮标测流中常用的一种工具，船只锚定后或在海上平台等相对稳定的载体上，在船尾放出双联浮筒，根据它的移动情况测定表层流的平均流速和流向。

（三）跟踪浮标法

1. 船体跟踪

将一个浮体（或双联浮筒）施放于一选定的海面上，使之自由地随海水流动，观测者乘小船始终尾随浮体移动并按特定的时间间隔从船上定位。这样连续观测，一般要延续一个半日潮周期，并画出浮体在此时间段内的运行轨迹，进而得出该海区相应时间内的海水运动的基本状态。这种方式必须在良好的天气状况下才能进行。

2. 仪器跟踪

随着高科技技术的发展和应用，新的更准确、更方便的仪器跟踪浮标及相应的观测方式相继产生，并开始应用于海流实测之中。有的使用人工特制的随海水自由流动的浮标，在岸上用雷达跟踪定位；有的浮标本身载有 GPS 卫星定位系统，通过无线电台把测定的位置实时发送到接收岸台；还有的使用航空摄影的方式来测定浮标的移动情况，从而观测相应海区海水的流动状况等。

二、定点观测海流

目前，海洋水文观测中，通常采用定点方法测流，以锚定的船只或浮标、海上平台或特制固定架等为承载工具，悬挂海流计进行海流观测。

（一）定点台架方式测流

在浅海海流观测中，若能用固定台架悬挂仪器，使海流计处于稳定状态，则可测得比较准确的海流资料并能进行长时间的连续观测。

1. 水面台架

若能观测海区已有与测流点比较吻合的海上平台或其他可借用的固定台架，用以悬挂海流计，将是既节省又有效的测流方式。实测时，要尽可能地避免台架等对流场产生的影响，否则测得的海流资料误差过大，甚至不能使用。

2. 海底台架

按一定尺寸制作棱锥形台架放置于海底，将海流计固定于柜架中部的适当位置就能长时间连续观测浅海海底层流。这种方式必须能够保证仪器安全并能确保台架不会在风浪作用下翻倒或出现其他意外事件。

（二）锚定浮标

以锚定浮标或潜标为承载工具，悬挂自记式海流计进行海流观测，称为锚定浮标测流。有的仅用于观测表层海流，有的则用于同时观测多层海流。前者通常布设在进行周日连续观测的调查船附近，以取得海流周日连续观测资料，观测结束时将浮标收回。后者一般是单独或多个联合使用，以取得长时间海流资料，观测结束后将浮标收回。

（三）黄河三角洲附近海区海流观测

1. 观测仪器

开始时使用双绳双向流向仪、25－1 型流速仪测速；后来使用厄克曼海流计；至 20 世纪 80 年代初期，开始使用印刷式海流计。印刷式海流计具有自动记录功能，且可连续记录 57 个昼夜资料。

为了采集风浪条件下的资料，曾自行设计制造了测流浮艇，将其锚定在所施测的点上，仪器悬吊在浮艇上，印刷海流计将自动采集并记录连续观测资料。

实际上测流浮艇就是一个铁质密封的小船，上面安装有用于悬吊仪器的吊杆。根据测量的需要在不同的水深处布设海流计，这样用一根钢丝绳串连起来可进行多层布设。在该海域最多时可挂 3 层（即表层、5 m 层、底层）海流计，同时取得 3 层海流资料。为了安全起见，浮艇上安装有醒目的测量标志和航标。如图 7-1 所示。

2. 海流观测站位的布设

每次观测时分别在套尔河口、黄河口、神仙沟口、小清河口等较大的河口设立 3 个观测站进行同步观测，一个测点完毕随即移向下一个测点。

3. 海流观测层次

当水深小于 5 m 时，观测 1 或 2 层（即表层及底层）；水深大于 5 m 小于 10 m 时，设置

3 层(即表层、5 m 层、底层);水深大于 15 m 时,增加 10 m 层。

4. 海流观测历时

测船施测时,一般进行连续一周日观测(即 25 h),测流浮艇一般自记 30 d 左右,一年内每个河口观测 1 次。

5. 海流观测资料整理

基本资料整理计算流速及流向。印刷海流计自记资料整理:按照打印出的自记资料选取连续观测一昼夜的资料进行整理。

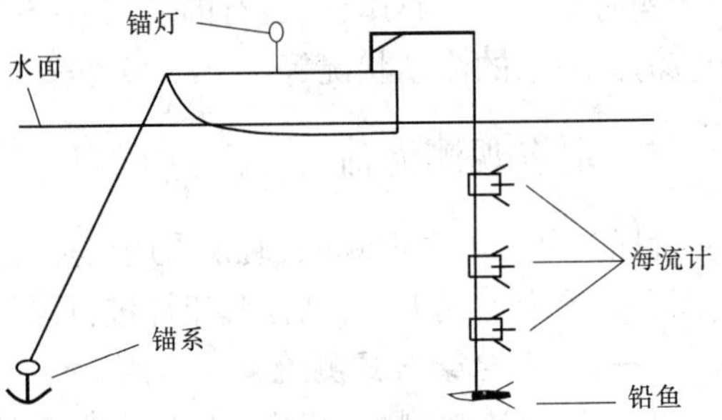

图 7-1　浮艇海流自动测量系统示意图

基本资料整理完成后,进行流速分解表计算,从而分离出潮流和余流。

6. 海流观测存在的问题

受经费和时间的限制(只能在春夏季节观测),不能每年进行观测,只能在不进行水下地形测量的年份观测。另外,由于风流的影响,有时只能观测半个潮周期。

浮艇观测海流存在的问题:由于该海区为水产捕捞的重点海区,有时浮艇会被渔船拖离测点,甚至将仪器拖走,因此不能取得完整、全面的资料。

由于经费的原因,此项观测自 20 世纪 80 年代后期全部停止。

第二节　海流观测的持续时间选择

现有的海流计主要测量潮流和常流(余流)。对这两种流动要准确地测量,就必须抑制干扰这两种运用的“噪声”,即海水湍流(乱流)与海浪的影响。观测的持续时间长短选择,实际上就是用何种“时间滤波器”将“噪声”滤掉。

一、流速场的描述

海水中各种可能运动的尺度谱很宽,实际上不可能用流体动力学方程同时独立地描述所有这些运动。海洋中的运动可以分成三类:规律的大尺度运动,可以独立描述;极其无规则的小尺度涡旋运动(湍流),必须予以统计描述;各类波动(波浪、潮流)。它们都具有某些周期性,这类运动也可以用独立的理论描述。

实际流速 $v=(x,y,z,t)$,可以用平均部分 $\bar{v}(x,y,z,t)$ 及脉动部分 $v'(x,y,z,t)$ 之和表示:$v=\bar{v}+v'(x,y,z,t)$。

海流观测结果,要求其脉动“累加”平均值等于零。这就要求对一定时间间隔求平均值(函数时间平滑)。在海洋条件下,函数时间平滑所得值与所取得的时间尺度有关。由于海洋可表征为各种尺度运动都包括的宽频谱,因此很难说什么样的平滑尺度能满足。如果平均周期取得不够大,则平均值是不稳定的,每次测量的平均值会有显著的不同。

二、海洋湍流

在流体(液体和气体)的各种流动中,都能观察到湍流现象。这种现象的实质在于流体的热力学和流体动力学特征（诸如速度、温度、压力、密度等）具有杂乱无章的起伏性质。这是由于流动中具有众多的、各种大小不等的涡旋而导致的。

根据实验可知，当无量纲雷诺数 $Re = vL/r$ 达到一定的临界值时，液体的层流变为湍流，式中的 v 和 L 分别为流动的特征流速和特征长度，r 为海水运动的黏滞系数。

大洋中湍流能量的来源有以下六种可能机制。

（1）大尺度准水平运动的流体动力学不稳定性，是湍流能量的强大来源。在大多数海区，存在着明显的中尺度运动。密度水平梯度的斜压不稳定性，有惯性热振动的潮汐力和风力，都能向准水平运动补充能量。

（2）湍流能量的第二个来源是大型地转流的不稳定性，这种大型地转流具有显著的垂直梯度。

（3）漂流的不稳定性是产生湍流能量积聚的另一机制。漂流速度的垂直梯度可达 10^{-2} cm/s。

（4）表面波浪的翻卷，是在海洋最上层生成湍流的重要机制。在每个波浪周期内，可以将波能的 10^{-4} 转变成湍流能量的来源。

（5）在海面冷却或由于强烈蒸发或结冰使表层水增盐时所产生的对流运动，是海洋许多区域湍流能量的来源。

（6）湍流的水尺度起伏是由重力内波和涡流决定的。内波在海洋分层界面广泛传播，它的形成可能与气压的变化、表面波浪、流经不平海底时产生的作用以及大尺度流的不均匀性等有关。

大洋湍流发生的多种机制和这些机制作用的各种概率，导致大洋各层湍流状态差异很大。为简便起见，将大洋分成下列三层：

（1）厚约 10 cm 的上边界层，由于表面波的翻卷、漂流的不稳定性和对流运动，这一层的湍流十分强烈。

（2）主体层，此层没有受到表层和近底效应的直接影响，因内波和地转流的不稳定性而引起的湍流比较弱。

（3）近底边界层，厚约 10 cm，这一层具有因近层流的速度垂直梯度的非稳定性引起的傍壁型湍流。

三、观测持续时间长短的选择

（一）厄克曼海流计（机械式）

20 世纪 50 年代，中国使用最多的厄克曼海流计是机械传动计数、旋桨海流计，旋桨周围有圆环式防护罩，从理论上讲，可以将波浪影响全部去掉。

由于厄克曼是机械传动式的，因此其速度以下落小球和旋转计数器上指针读数联合计算，其方向是以小球落入流向盒 36 个小格子所在角度计算，方向计算不应少于 3 个小球，即转速不小于 100 r/min。其计算公式如下：

$$v = 1.02 + 29.59n \quad (0.192 < n < 0.899)$$

$$v = 0.55 + 30.66n \quad (0.899 < n < 8.534)$$

这里 n 为转速，它由读数器上的终了与开始的记数差和观测时间求得。因此，100 r/min

就是校准。如果是低流速区,最大需时限500 s,超过500 s仍然得不到3个小球,也就停止观测了。这种情况转速不到0.2 r/s,相当于流速低于6.9 cm/s,最少的延续时间是50 s,即转速为2 r/s,流速大于62 cm/s,即可用50 s时间观测。因此,厄克曼海流计读取一个数据的延续时间是不固定的。它取决于流速与小球的关系,实际上是取决于这种机械装置的灵敏度。

(二)印刷式海流计(机械自容式)

印刷式海流计的流速记录延续时间一律规定3 min,即用3 min内流速积分平均值来代替中间时刻流速,这是由齿轮的结构决定的。由于印刷海流计是全机械式,因此变换持续时间使时间控制轮设计变得异常复杂。少于3 min,时间控制轮转动误差无法克服;大于3 min又难以测到高流速;在3 min内,测量流速为0~148 cm/s。由于我国从1960年起就开始应用印刷式海流计,因此3 min的概念深入人心,以至海洋规范也明确其为3 min。这样规定有一个好处,就是其他仪器测得的资料可以与印刷式海流计的记录相比,资料有连续性。但是3 min的硬性规定,既缺乏理论根据,又会延缓电子式海流计的观测速度。

(三)直读式海流计(电子式)

直读式海流计是目前国内最常用的海流计之一,是电子式结构,主要由人工实施观测(也可自容)。它的优点是一台海流计可以观测多层海流,直接显示,易于检验仪器工作与否,适合我国国情。其流速观测延续时间有0.5、3、10、15 min四种时段;其流向记录是瞬时的。直读海流计是在船上由观测员直接读取的,时间缩短,减轻了观测人员的工作强度,在短时间内取得近似同步的观测资料,有助于资料分析。

(四)安德拉海流计(电子自容式)

安德拉海流计是自20世纪80年代以来应用最广泛的一种自容式海流计。它以稳定、可靠、记录时段较长而为用户所喜欢。它的流速感应时间有不同档次,最低感应时间为30 s,通常使用时段为3 min或5 min。

根据以上所述的海流计流速感应时间可以看出,流速感应时间以30 s为最少,通常使用3 min。对于大洋中潮流速度较小、常流速度较强的海区来说,记录时间可以加长,其原因在于:从噪声产生来看,近海区短频噪声主要来自热噪声和波浪噪声。热噪声就是由于热量分布不均匀而导致密度分布不均匀,从而产生局部对流和湍流扩散,其时间尺度一般在10 s左右;波浪噪声周期在大洋中不超过30 s,在浅海中很少超过10 s。在直读海流计问世的20世纪60年代,曾有一挡是测量“瞬时”的流速。

第三节 影响海流观测误差分析

一、平台无动时出现的误差

海流计悬吊在船上或浮标上所产生的误差多半是由于平台的运动而产生的,即使平台没有运动亦有四种误差产生,现在对此作较详细的介绍。

（一）接近海面的流动由于平台的影响而改变

这一个误差可以用同时比较的办法验证出来。当流速较小（小于 50 cm/s）、有风或者船身的偏航使船体与海流成相当大的角度时，这一误差更为严重。在抛锚的木船的船首上悬吊近水面的海流计曾显示 12°的流向误差。

（二）平台的钢铁装置导致仪器上的磁罗针的偏移

船上的钢铁装置对磁罗针的影响是尽人皆知的事实，但是人们往往靠近船只使用海流计测流却不去测定其误差。海流计感应流向的罗经系统，它本身有一块永久磁铁，在地磁中能感应当地磁力的方向。铁壳船本身在磁场中受到磁化，已变成一块磁铁，它必然对海流计罗经产生影响。这个影响有多大，是个非常复杂的问题。根据科研人员进行的铁壳与木船对比观测结果，可以在一定程度上说明问题。

实验时用一条吃水为 1 m 的铁壳船与系在船尾 20 m 远的木船上同时放印刷海流计进行对比观测。为了防止仪器本身的误差而造成这种对比失误，经过 24 h 后，再将两台仪器互换位置继续对比，同时用大船上罗经校正涨流、落流方向，以此核实印刷海流计的记录。经过这种反复对比，证实了放在木船上印刷海流计记录可靠，而在铁壳船边垂下的海流计记录中流向有很大的误差。

（三）长吊缆的弹性使仪器的反应失真

在流速转变时长吊缆常使流速的反应落后，并使峰值减弱。

（四）仪器无指示深度的元件，由钢丝倾斜导致深度失真

深度误差的问题是不加解释而容易理解的。它的重要程度与速度的垂直梯度的大小有关，特别是在激烈的变速情况下非常重要，如在克伦威尔流所在的区域。

二、平面缓慢移动产生的误差

首先讨论测量平台的缓慢移动的作用。包含围绕以台首为中心的摆动，谓之偏摆；以锚为中心的摆动，谓之回转。两者又叠加在锚缆上表现为一张一弛地漂荡。因此，悬在下边的海流计也随着这些运动摆来摆去。一般来说，约 100 m 或更浅层的深度，在 50 cm/s 流速下，一个小船的偏摆、回转、漂荡等作用，可以忽略不计。

假定偏摆的速度变化为正弦的摆动，周期为 2 min，这样求得的结果是偏摆的振幅为 ±3 m，在偏摆的中心位置附加的流速为 8 cm/s。用浮标作平台可以大量地减低偏摆的程度，然而回转与漂荡仍然存在，两者结合起来的作用至少可以和上面所计算的结果相比。

虽然长吊缆可以缓冲因平台短暂而急速的运动对仪器的影响，但降低了仪器在深处记录短周期流动的能力。

（一）平台的快速运动——波浪场的影响

在海洋上的上层，波浪具有特别重要的作用。波浪起伏的海面可认为是随机运动的表面，表面波激起表层海水的运动，与湍流是有区别的，可以用统计方法分离波动随机场和湍流场。

呈现在仪器上的短暂的快速水平运动都是直接由波浪或间接由波浪使平台动荡以及海水的乱流所导致的。

在风浪的作用下，由于流速传感器和浮体之间采用“柔性”连接，浮体运用的影响近似认为对传感器附加上下往复运动。萨沃纽斯转子的特点是对各个方向的流速都是同样灵敏的。试验表明，萨沃纽斯转子在水平流速 v_T 垂直上下附加运动作用下，实测速度 v_{CP} 与真实流速相差较大。

对不同的仪器影响也不尽相同。朱文光(1989)曾通过实验室模拟试验认为，复合运动对 SLC9-1 型直读海流计和 SLC3-2 型电传海流计的流速测量影响较小，原因是上述两种海流计的流速敏感元件是水平安装的旋桨，属惯性元件，通过机电转换以电信号方式输出流速测量值。复合运动对机械记录的印刷海流计的流速测量值有较显著的影响。这种海流计采用垂直安装的旋杯作为流速敏感元件，而用机械印刷方式记录流速流向测量值。从试验数据看，在低流速时，当摇摆频率为 0.4 Hz、横摇半幅角为 30°~150°时，误差相对显著，而当流速较高时，影响就相对降低。

(二)铅鱼和吊链的影响

通常人们并不注意这一因素的影响，然而试验表明这一因素的影响是不可忽视的，尤其对小尾舵海流计，这一影响更为显著。朱文光(1987)在流速为 5~10 cm/s 的条件下的试验结果表明，小尾舵的直读海流计在不同的条件下误差是不同的：吊链+铅鱼，误差为 100~130；吊链悬挂，误差为 100~400；拉力电缆吊挂，误差为 50~100。实际上，在小流速时(如海流开始转向时)，铅鱼在仪器对流向变化的响应中起阻尼作用。从试验结果看，拉力电缆吊挂比链条吊挂要好。

此外，观测人员的素质、责任心等同样会引起海流读数的误差。

(三)海洋生物的影响

海洋生物附着构成了对锚定浮标系统水下传感器，包括各种流速传感器寿命的直接威胁。

海洋附着生物分植物和动物两大类，品种有上千种，其中附着在船体和海洋建筑物上的植物约有 600 种，动物约有 1 300 种，常见的有 50~100 种。这些附着生物的幼虫或胞子能够游动或漂浮，发育到一定阶段后，就在水下建筑物和仪器上定居。附着的植物主要是藻类，如海藻、浒苔等；附着的动物主要是藤壶、牡蛎、石灰虫、苔藓虫、海葵、寄生蟹等。沿中国海岸线，从南到北有着不同种类、不同数量的各种海洋附着生物。有关试验表明，就中国沿海来说，近海比外海严重，浅海比深海严重，夏天比冬天严重，南方海域比北方海域严重。水下建筑物和仪器本身也存在影响生物附着的因素，粗糙表面较光滑表面容易附着生物。例如，藤壶的幼虫最喜欢附着在清洁而又粗糙的表面上。海水对仪器的相对运动，即流动的海水可能将附着在仪器上的生物冲刷掉。此外，光线和颜色对生物的附着也有影响，较多附着生物喜欢黑暗，这使得幼虫容易附着在海流计的底部。藻类喜欢阳光，以便进行光合作用，因此多附着在海流计的上部。颜色较深的仪器比颜色较浅的仪器容易附着生物。

海洋生物附着对浮标系统的水下传感器影响很大，严重时可使它们完全丧失功能；对于机械旋桨或转子式流速传感器来说，在旋桨或转子上附着一层微生物，随着时间的推移，附着生物的厚度会逐渐加大，使旋桨或转子的重量增加，传感器的动态特性发生变化，最终使其丧失功能；对声学海流计来说，由于生物附着在换能器上，使得仪器的固有频率发生变化。

现有的防生物附着涂料的效果主要由漆膜中毒料渗出量决定。防生物附着涂料的作用原理是:毒料溶解后向海水渗出,在漆膜表面形成有毒溶液薄层,用以抵抗或杀死企图停留在漆膜上的海洋生物胞子或幼虫。防附着涂料中的毒料是从漆膜表面"薄层"通过扩散或涡流向外消耗的,若防附涂料要维持长时间有效,贮存在漆膜内的毒料必须以一定的方式逐渐渗出,以维持与漆膜接触的水层有足够的毒料浓度,涂料才能起到防腐作用。

第四节　黄河三角洲附近海区潮流

黄河三角洲附近海区潮流场比较复杂,不同的区域有着不同的特征。

一、潮流

黄河三角洲海区无潮点及其周围不大的范围内为正规日潮区,由此向南、向西逐渐向半日潮过渡,在近岸形成复杂的潮汐现象。与此相应,出现了南、北两个大流速区。

根据1999年12月北部大流速区以北和2000年6月北部大流速区东部实测潮流资料,前者涨潮平均流速为43~70 cm/s,最大流速为97 cm/s,流向301°;落潮平均流速为43~73 cm/s,最大流速为65 cm/s,流向123°。后者涨潮平均流速为55~70 cm/s,最大流速102 cm/s,流向290°~320°;落潮平均流速50~73 cm/s,最大流速122 cm/s,流向90°~120°。

两处的涨潮流向多为WNW,落潮流向多为ESE,流向和岸线走向大致平行。涨潮历时6 h,落潮历时6.30 h,为往复性半日潮流,但日不等现象显著,潮周期内涨落潮流速很不对称。测区潮流的另一个特点是底流速较小,近底层流速多在20~40 cm/s,大流速主要出现在中上层。

(1)对同一区域或同一河口来说,沿垂直海岸,水深由小变大,流速也由小变大,当水深增大到一定数值时(一般为10 m),流速又减小,底层流速最小。

(2)三角洲附近海区流速分布不均,变化较大,其中以神仙沟至刁口河之间和现黄河口附近的流速最大,并由此向南、北方向递减,黄河口以南区域的流速比北部小,支脉沟至小清河口一带流速最小。

(3)现黄河口和神仙沟附近分别存在一个流速高值区。黄河口附近流速高值区的特点是:流速大小及高值区的范围随季节变化而变化,这主要是黄河径流的影响所致,春季黄河径流小时,流速高值区范围小,此时流速高值中心的最大实测流速为1.4 cm/s;当夏季径流大时,流速高值区的范围较春季大,流速增大许多,其中心实测最大流速可达1.8 cm/s。神仙沟口附近的流速高值区与黄河口附近的不同,它所处的部位水深较大,流速高值区的范围也大,同时该处无径流加入,流速高值区受季节影响小,无论流速高值区的范围和流速大小,春季、夏季变化都不大,该处流速高值中心的实测最大流速均为1.20 cm/s。

黄河三角洲附近海区的潮流类型基本属于半日潮流型,在套尔河口、神仙沟及小清河附近属于规则半日潮流,其他区域为不规则半日潮流。

二、余流

从海流观测资料中除去周期性运行的潮流外,海水还有一定的剩余流动部分,该部分称为余流。

余流的形成机制在浅海中是比较复杂的。由风的切应力导致的海水流动称为风海流,入海径流与海水交汇后造成海水密度非均匀分布所引起的为密度流,这些统称为余流。

经过实测资料分析,黄河口附近海区存在三个环流系统:

(1)黄河口以南顺时针环流系统。这个环流系统从黄河口南缘一直到小清河口附近,最大余流流速为0.25 m/s。在这一环流系统中,底层与表层特征基本相似,都是顺时针的涡旋运动,只是底层流速略小一点。它的表层余流流速一般为0.17~0.25 m/s,而底层余流流速为0.07~0.10 m/s。

(2)黄河口以北逆时针环流系统。这一环流系统的范围比黄河口以南环流系统小得多,也不像黄河口以南顺时针环流系统那样有规律。资料表明,春季表层余流流速最大,可以达到0.10~0.29 m/s,流向西南;而底层流速仅0.10 m/s左右,流向与表层相反,流向指向东北。这里还存在着强烈的上升流区,这一环流系统的另一特点是环流系统表层不明显,到底层才清晰。

(3)五号桩海域顺时针环流系统。这是一个范围比较大的环流系统,它的特点是在距岸边15 km范围内,余流流向指向北北西(西北偏北),与海岸平行,余流流速0.1 m/s,但到了水深20 m处,余流流向又转向东北。这个环流系统季节比较稳定。

第八章　潮汐观测

海水的涨落现象是以一定的时间周而复始地出现,这种现象称为潮汐,它是在天体的作用下海水的一种垂直运动。在一天内,海面上涨到最高的位置称为高潮;海面下落到最低的位置为低潮。从低潮到高潮这段时间内,海面的上涨过程称为涨潮,海水的上涨一直到高潮时刻为止。这时海面在一个短时间内处于不涨不落的平衡状态,称为平潮。平潮的中间时刻取为高潮时,则把平潮状态时的海面水位作为高潮水位。从高潮到低潮这段时间内海面的下落过程称为落潮。当海面下落到最低位置时,海面也有一短暂的时间处于平衡状态,叫停潮。停潮的中间时刻取为低潮时,则把停潮状态时的海面水位作为低潮水位。

从测站基面到自由水面的垂直距离称为潮高。在一日两次高潮中,较高的高潮潮高叫做高高潮高,较低的高潮潮高为低高潮高。在一日两次低潮中,较低的低潮潮高为低低潮高,较高的低潮潮高为高低潮高。

从低潮时到高潮时的时间间隔,称为涨潮历时;高潮时到低潮时的时间间隔,称为落潮历时。两者之和为潮周期。从低潮到高潮的潮位差叫涨潮潮差。从高潮到低潮的潮位差叫落潮潮差。两者的平均值便是这个潮周期内的潮差。

黄河三角洲附近海区大部分为不正规半日潮,仅神仙沟口附近表现为不正规日潮。神仙沟老黄河口处于渤海湾的湾口,接近潮波节点处,神仙沟口附近出现一个无潮点。三角洲附近海区高潮发生的时间顺序是自西向东随时间先后依次出现的。神仙沟以北潮波节点附近潮差最小,仅为0.4 m,由此三角洲北部岸线向西和沿三角洲东部岸线向南,潮差均逐渐增大,徒骇河口、小清河口潮差达1.6~2.0 m。潮差变化随着潮汐类型的变化而变化。

第一节　验潮站的设置

潮汐的变化规律与地球、月球的视运动有着密切的关系。然而,地-月的视运动所引起的潮汐变化又因地而异(即不同的地点因地形、地貌等因素的影响其潮汐的变化是不同的)。所以,在进行潮位测量前,首先对验潮站的地形进行选择。

一、验潮站的分类

验潮站分为长期验潮站、短期验潮站、临时验潮站和海上定点验潮站。

(一)长期验潮站

长期验潮站是测区水位控制的基础,主要用于计算平均海面,一般应有2年以上连续观测的水位资料。

(二)短期验潮站

短期验潮站用于补充长期验潮站的不足,与长期验潮站共同推算确定测区的深度基准面,一般应有 30 d 以上连续观测的水位资料。

(三)临时验潮站

临时验潮站是由于某种测量或勘测需要而设置的,至少与长期站或短期站同步观测水位 3 d,主要用于深度测量时进行水位改正。

(四)海上定点验潮站

海上定点验潮站,至少应在大潮期间(良好日期)与相关长期站或短期站同步观测 1 次或 3 次 24 h 或连续观测 15 d 水位资料,用于推算平均海平面、深度基准面以及预报瞬时水位,进行深度测量时水位改正。

二、验潮站的选择条件

验潮站布设的密度应能控制全测区的潮汐变化。相邻验潮站之间的距离应满足最大潮高差不大于 1 m,最大潮时差不大于 1 h,且潮汐性质应基本相同。对于潮时差和潮高差变化较大的海区,除布设长期站或短期站外,也在湾项、河口外、水道口和无潮点处增设临时验潮站。

验潮站站址的选择原则:

(1)水尺前方应无阻隔,海水可自由流通,低潮不断出,能充分反映当地海区潮汐情况的地方。

验潮站的潮汐情况在观测海区必须有代表性,这是选择验潮站的主要条件。例如,有的港湾湾内的面积比较大,但与湾外连通的口子很小,海水不能自由流通,因此湾内外的潮汐特性相差很大:湾内的潮差小,而湾外的潮差大(如海南岛的一些泻湖海湾,曾出现湾外潮差 3 m 多,湾内潮差却只有 0.3 m 左右的情况)。在这种情况下,为了掌握湾外的潮汐规律,就不能在湾内设站;反之,为了掌握湾内的潮汐涨落,也不能在湾外设站。此外,湾内和湾外涨、落潮时也有很大差别。又如,在河口地区,通常有拦门沙,甚至低潮时能露出水面。如果在设站时不很好地了解当地的潮汐情况,只图方便将验潮站选择在河口里面,结果低潮时没有水;实际海面在一个位置上停止很长一段时间,看起来好像已经发生了低潮,而此时外海海面却继续下降,经过一段时间后才真正发生低潮。这样,把验潮站选在河口里面就不具有代表性。

(2)水尺能牢固设立,受风浪、急流冲击和船只碰撞等影响较小的地方,如有可能尽量在固定码头壁上安装水尺。

选择风浪较小、过往船只较少的地方,有利于提高观测准确度,也能避免水尺被风浪刮倒,被船只撞倒,给工作带来不便,若海区内有岛屿,一般选择岛屿的背面避风处。

(3)选择在海滩坡度大的地方,使水尺位置便于由岸上进行观测。如果海滩坡度很小,海水在滩涂涨落距离很远,为了观测潮位升降,就需要设立十几根水尺,甚至数十根水尺才能进行潮汐观测。这样很不方便,若必须在这样的地点设站时,可以另想办法。

(4)能牢固埋设工作水准点,并便于与主要水准点以及国家水准点、控制点进行联测的地方。

(5)适当考虑验潮人员的安全、生活和交通方便,在保证水位观测精度的前提下,尽可能把验潮站选在居民点附近。

(6)海上定点验潮站的站址,要求海底平坦、泥沙底质、风浪和海流较小的地方。

(7)对水准点已破坏的旧验潮站,需要重新设站时尽量与旧站址重合。

三、验潮站的设置

在验潮站站址确定以后,就要考虑验潮站的设置问题。验潮站的设置主要涉及到水尺、水准点的设置。

水尺是验潮站观测的基本设备,因此不管采用任何观测方式观测潮位,均要设立水尺。

(一)直立式水尺的安装

水尺采用坚硬的木材制成,其厚度为5~10 cm,宽度为10~15 cm,尺面涂有白色油漆,其上划有m、dm和cm等黑色分划。因木质水尺容易脱落且不易铲除附着的海洋生物,故常在木质水尺桩上安装搪瓷水尺板。

1.开敞式水域安装方法

对于海底质是泥沙等较软物质的地区,先将水尺钉在木桩上,再打入海底,并在四周拉上铅丝加以固定。木桩打入海底的深度一般为1 m左右,这样才会牢固。对于海底质坚硬的地区,可在大石块中间打一孔插入水尺,或用水泥、沙、石浇成水泥沉石,将木桩浇在中间,再将水尺固定在木桩上,然后放入海中,同时用铅丝加固。

黄河三角洲附近海区大部分的验潮站属于开敞式水域,海底质为泥沙,因此一直以来采用木桩打入海底的方式安装水尺。为了保证水尺的稳定性和船在不同潮时便于观测,在安装水尺时一般安装3根,在观测过程中注意比测3根水尺的观测水位。

2.有依托物的水尺设置方法

若设站地点有码头、堤坝、栈桥、平台、灯塔等海上建筑物,水尺安装则可依照具体地形、地势,将水尺固定在这些人造的边壁上。无论采用何种方法安装,都要使水尺达到稳定、牢固和垂直的要求,且需注意不要安装在容易被船只撞坏的地方。

对于海滩坡度小且潮差大的地方,3根水尺要沿滩坡的方向安装,每2根水尺之间需要重合0.5 m左右,这样可以保证潮汐的连续观测。靠岸的这根水尺的顶端要高于大潮潮面0.5~1.0 m,最外边的那根水尺的零点要低于大潮低潮面0.5~1.0 m。

(二)水准点的设置

水尺设置之后,即可从水尺上读取海水面的高度。这个高度是从水尺零点起算的,一旦水尺被损坏,那么所观测的潮位资料以及由此计算的平均海面、深度基准便没有了依据。为了解决这个问题,需要在岸上设立固定水准点,并求出水尺零点和岸上水准点之间的相对高度。水准点是长期保存的,即使撤销了水尺,也能够知道水尺零点、平均海面和深度基准面的位置,而且在验潮期间,也可以用来经常检查各水尺零点是否变动,即使另设水尺也可以保证前后资料的统一性。

设置固定水准点后,应与国家水准网的水准点进行联测,求出水尺零点在国家水准网中的绝对高程,而且需要长期保存。固定水准点应设在测站附近,设置地点要求坚实稳定，潮水不能淹没，不要设置在离铁路、公路太近或土质松软的地方以及不坚固的建筑物上，以免损坏。固定水准标石按国家水准测量规范的要求制作。

验潮站附近的水准点包括工作水准点和主要水准点各一个。

工作水准点应设在水尺附近，以便经常检查水尺零点的变动情况。工作水准点可在岩石、固定码头、混凝土面、石壁上凿标志再以油漆作记号，不具备上述条件时，亦可埋设牢固的木桩。

主要水准点应设在高潮线以上、地质比较坚固稳定、能长期保存、易于进行水准点联测的地方，在验潮站附近的水准点和三角点，经检查合格，可作为主要水准点。

第二节　潮位站高程控制

一、基准面

由于潮位是以海面与固定基面的高程表示的，所以在选定观测站之后，就要确定该测站潮位观测的起算面（简称测站基面）。水文资料中提到的测站基面有绝对基面、假定基面、冻结基面、海图深度基准面等。

（一）绝对基面

绝对基面一般是以某一测站的多年平均海平面作为高程的零点，因此海平面又叫绝对基面，如青岛零点（基面）、大沽零点（基面）、废黄河零点（基面）等，若以这类零点作为测站基面，则该测站的水位值就是相对绝对基面的高程。

（二）假定基面

某测站附近没有国家水准点，测站的高程无法与国家某一水准点联接时，可自行假定一个测站基面，这种基面称为假定基面。

（三）冻结基面

由于原测站基面的变动，此后使用的基面与原测站基面不相同，因此原测站基面需要冻结下来，不再使用，即为冻结基面。冻结下来的基面可保持历史资料的连续性。

（四）海图深度基准面

验潮零点（水尺零点）是记录潮高的起算面，其上为正值、其下为负值。一般来讲，验潮零点所在的面称为“潮高基准面”，该面通常相当于当地的最低低潮面。

海图深度基准面是海图水深的起算面，一般确定在最低低潮面附近，它与每天低潮面是不同的。若深度基准面定得过高，那么将有许多天的低潮面在深度基准面的下面，这样会出现实际水深小于海图上所标出的水深，会造成船只航行、停泊时发生触礁或搁浅等事故。若深度基准面定得过低，则海图上的水深小于实际水深，使本来可以航行的海区也不敢航行。因此，深度基准面要定得合理，不宜过高或过低。关于海图基准面的规定，许多国家都不相同。例如，英国采用“最低天文潮面”，美国、瑞典和荷兰等国家采用“平均低潮面”，俄罗斯采用“理论深度基准面”，日本等国家采用“略低低潮面”等。目前，我国采用的是“理论深度基准面”作为海图深度基准面，即以本站多年潮位资料算出理论上可能的最低水深作为深度基准面，这样便于利用海图计算实际水深。潮位变化的基本要求如

图 8-1 所示。

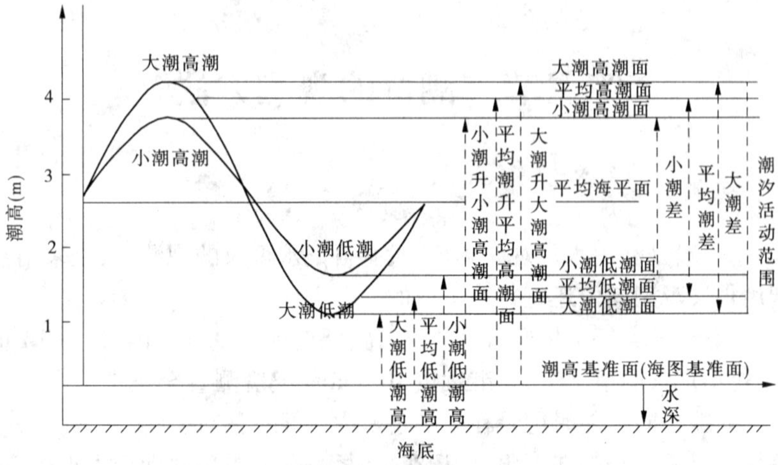

图 8-1　潮位变化的基本要求示意图

在确定某测站的平均海平面之后,以它作为起算面,然后通过测量求出平均海平面与永久水准点的关系,再确定理论最高潮面和实际最高潮面、理论最低潮面和实际最低潮面与平均海平面的关系,最后找出该站本身的水位零点、深度基准面与黄海平均平面的关系等。

二、水准测量

要进行验潮,首先要解决水尺零点的高程问题。如果水尺零点不与国家水准网(基面)联测,不求出水尺零点相对国家的标准高程网(国家的标准基面)中的高度,那么这个零点就没有什么意义。所以,在潮位观测过程中,水准联测是不可缺少的工作。在联测后,才能够把水尺零点、水尺旁边工作水准点、主要水准点与国家标准基面之间的高度关系求出。这样就能保证水位观测获得统一的观测资料。

所谓水准联测,就是用水准测量的方法,测出水尺零点相对国家标准基面中的高程,从而固定了水位零点、平均海面及深度基准面的相互关系,也就保证了潮位资料的统一性。

主要水准点一般为三等水准点,从国家水准点联测时按三等水准进行;工作水准点为四等水准点,从工作水准点引测时按四等水准进行;工作水准点与水尺联测时按四等水准进行。

几种特殊情况下的联测方法:

(1)利用潮面水准联测时,测出一根水尺零点与另一根水尺零点之间的高差。其方法为选择风平浪静的日子,当两根水尺都处于水中时,此时读取海面在两根水尺上的读数,其差值就是两根水尺的高差。为了提高联测的准确度,需要测 3 次,其高差互差不得超过 3 cm,取中数使用,超限者应重测。

(2)当水尺设立在浅滩较大的地区,无法用水准仪测量工作水准点对验潮水尺零点的高差时,可以在靠近岸边的地方设立一根“联测水尺”,用水准仪测量出工程水准点与

"联测水尺"零点的高差,再通过潮面水准联测的方法测出"联测水尺"的零点与验潮水尺读数的差值,两者相减即得出验潮站水尺的零点高程。

第三节 潮位的观测方法

一、人工观测

临时观测站一般是利用水尺观测潮位,没有自记水位仪的观测站,也采用水尺进行观测。目前,利用水尺观测潮位还是普遍可取的一种方法。

水位观测一般于整点每1 h观测一次,在高、低潮前后0.5 h内,每隔10 min观测一次。在水位变化不正常的情况下,要继续按10 min间隔观测直至正常为止。观测水尺读数时,所有水尺的编号应当随时记录在验潮手簿内,切不可心记或记在零碎纸头上再填入手簿,这样容易造成差错。如遇下雨,可记在临时手簿上,事后立即记入正式手簿。

在读取水尺读数时,应尽可能使视线接近水面。有波浪时,应抓紧时机进行观测。在小浪时,连续读取3个小峰和3个波谷通过水尺时的读数,并取其平均值作为水尺读数。

进行水尺组观测时,必须掌握时机,选择两支相仿水尺同时进行观测。若发现两支水尺的观测结果不符,应及时检查原因,进行复读或校测水尺零点高程并根据复读或校测结果订正记录。每次观测的水位,应为两支水尺观测结果的平均值。如果确认某支水尺观测不准时,可选用一支水尺的读数作为正式记录。

如果水面偶尔落在水尺零点以下时,应读取水尺零点到水面距离的数值,并在前加一负号。为了保证水位观测的准确度,工作用的钟表应每天校对,校对的结果记载于验潮手簿的备注栏内。

潮位观测是认识海区的潮汐变化规律所必不可少的。从事潮位观测的人员,必须实事求是地对待水位观测工作,保证记录的真实性和观测的连续性,禁止将猜想或推测的数据记入手簿,以免给工作造成损失。

在水尺设立后对水尺进行编号,如果观测水尺由于船只碰撞或被大风刮倒需另设水尺时,在水尺零点的位置有变动的情况下也需要重新编号。观测水位时,按观测时间与记录手簿的要求,以水尺编号的顺序进行观测,而后进行水位计算工作。

水位观测时,当水尺的瞬时水深小于(含)0.3 m时应更换水尺,更换水尺时应同时读取两支水尺的读数(差值不得大于2 cm),并记入手簿相应栏内,原水尺读数供校核。

二、仪器自动观测

自计验潮仪的类型很多,按其工作原理可分为浮筒式水位计、压力式水位计和声学水位计。本节以压力式水位计(挪威安德拉公司生产的水位记录仪)进行介绍。

水位记录仪是为记录海洋潮位而特别设计的,通常放置于海底,在规定的时间间隔内,测量并记录压力、温度和盐度,然后根据这些数据计算出水位的变化。

仪器由一个高准确度的压力传感器、电子线路板、数据存储单元、电源、圆柱形压力桶组成。仪器测量是由一精密的时钟控制的。它一开始是对压力测量进行时长40 s的积分，这样可以滤除波浪产生的水面起伏，积分完成后将数据记录下来。第一组数据是仪器电子线路板内元件对水位记录仪的检测指示，紧跟着的是温度值，而后的两个十进制值是压力，再后面的十进制值是电导率。

仪器的安装：先把仪器固定在一个焊接的锥形支架上，为了保证支架在海底不翻转、漂移，支架的底面要求使用较厚的钢板，同时再配铅块沉压。支架上系留缆绳至水面，缆绳的长度大于仪器布放点高潮时的水深，水面部分的缆绳系一浮标。浮标的系留如图8-2所示。

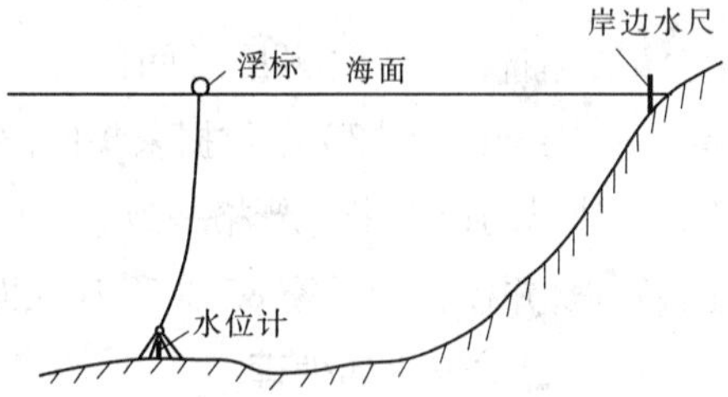

图 8-2　水位计布放示意图

水位计布放海底前应当在岸边设立水尺，用水准测量的方式测定水尺的零点高程。水位计布放海底后，岸边水尺按潮位观测的要求，人工同步观测潮位，同步观测的时间由水尺至水位计的距离远近确定。这样做的目的是用潮面水准的方式推求水位计的高程，以便把其测量的数据换算至统一基准面。

由于水位计的电池容量和数据存储空间有限，因此一般每月要更换电池并读取数据。仪器每次布放后均要用岸边的水尺据潮面水准推求水位计的高程，并认真做好记录。

20 世纪 60 年代，黄河三角洲海区曾应用浮子式周记水位计进行该区的潮水位观测。具体使用方法是在测区内搭建一个四脚木质复合标架，设有仪器台，同时将一铁质浮筒固定在复合标架上，浮筒周围留有若干进水孔，水位计浮子置于筒内。浮子在筒内受涨、落潮的作用上下浮动，从而带动水位计滚筒转动，水位计的记录笔在记录纸上划出潮水位过程线。在滚筒上装记录纸前做好水位及时间坐标的标记，装上纸后按当时水尺桩读取的水位及时间将记录笔放置在相应的位置，此时仪器开始运转，当运行一周更换记录纸时把当时的水位与时间记录下来，以便资料整理时对时间及水位进行订正（订正时按平均分配的方法进行订正）。

这种观测方式具有不需要人工值守，可取得连续观测资料等优点，但还存在一定的缺点，即遇到大风时容易将静水筒打扁而终止记录，其次静水筒有时淤堵而形成中断观测。

直立式水尺观测方式在水深测量中已介绍，不再赘述。

第四节　潮汐观测资料分析

一、潮汐

主要介绍观测海区的潮汐概况。

二、潮汐观测与各基面之间的关系

介绍观测海区的高程控制情况。如已知高等级水准点，水准点与水尺间的联测情况，测量过程中使用的仪器等。

各基准面包括：验潮站工作水准点面、水尺零点高程面、平均海平面、国家85高程基准面、理论深度基准面等，通过观测整理的资料可以推算以上5个基准面间的位置关系，如图8-3所示。

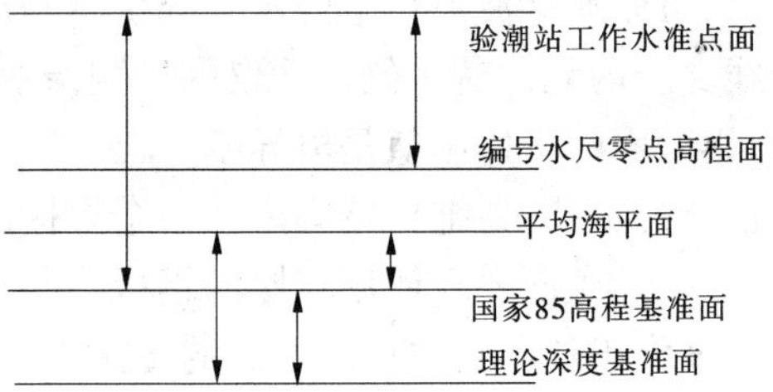

图8-3　验潮站各基准面间的关系

三、观测资料的处理

自记验潮仪的水位测量时间间隔为10 min，每次连续观测30 s，数据采集间隔为1 s。由于仪器获取的数据为海量数据，且每次换取电池时的位置未必严格一致，因此为实现海区潮位的准确定量观测，所有数据必须经过前处理，并校正到国家85高程基准面上。数据的处理校正过程如下。

（一）海量数据平均处理

海量的原始观测数据下载后，按照潮位观测的要求，对数据实行平均处理，以10 min为间隔，取平均值。处理过程在仪器软件上进行。

（二）数据的基准面校正

利用岸边水尺与自记验潮仪的同步观测资料进行推算。在选定的一个周期内，水尺观测的记录和验潮仪的观测记录分别平均，平均值的差即为水尺与验潮仪的高差。通过对仪器观测数据减去所得的高差，即可将仪器的观测数据校正到统一基面上。

仪器放到水下后，可能因为自身重力沉降和浪、流作用等原因，位置偶尔会发生变动，以上问题均通过调和分析、剔除异常值、沉降趋势拟合、分段平均等方法进行了处理，以保证观测结果的准确性。

（三）不同时段数据的接口问题

受验潮仪的电源供应时间限制，需定时对仪器进行更换电池维护。更换电池期间，潮位观测改由人工补充加密观测，每10 min记录一次，以保证数据观测的连续性。

四、潮汐状况及特征值

对观测的潮汐数据进行处理后，接着进行基准面校正。然后进行观测成果表的编制，成果表以整时的潮位为记录要素。

根据观测成果表，绘制整时的潮位过程线。在绘制过程时，以月为单位，每月的观测成果绘制在一张图上，这样可以直观地反映出潮位在一个月中的变化过程。2007年5月截流沟站潮位变化过程线如图8-4所示。

对观测海区每个月的潮汐情况进行说明。

观测点潮位要素的统计。该项目工作也是按月进行统计，截流沟站潮位要素统计格式见表8-1。

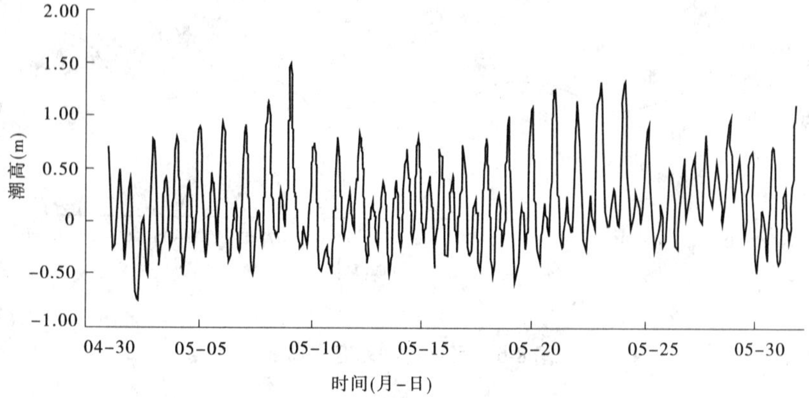

图 8-4　2007 年 5 月截流沟站潮位变化过程线

表 8-1　截流沟站潮位要素统计　(1956 年黄海基准,潮高单位:m)

时间(年-月)	月平均海平面	月平均潮差	月平均高潮高	月平均低潮高	最高高潮	最低低潮	月平均涨潮历时	月平均落潮历时
2007-04								
2007-05								
…								
观测时段平均								

根据表 8-1 的统计可以绘制月平均海平面变化曲线(见图 8-5)、月平均潮差变化曲线(见图 8-6)、月平均高低潮高变化曲线(见图 8-7)、月最高和最低潮高分布曲线(见图 8-8)、月平均涨落潮历时分布曲线(见图 8-9)。

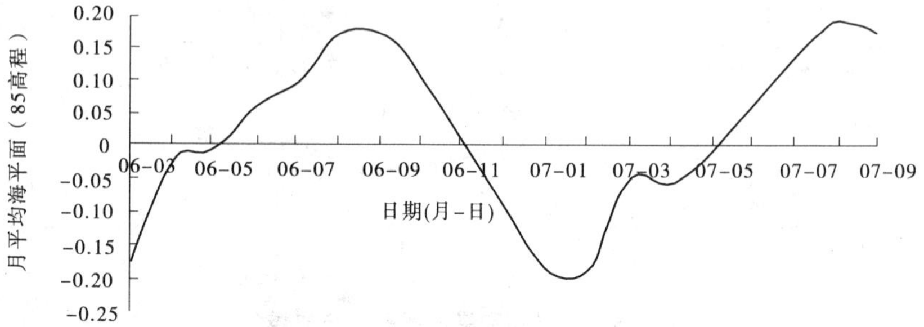

图 8-5　月平均海平面变化曲线

五、调和常数分析

根据一段时间的实测潮汐资料进行调和分析,取该时段内的潮位数据 $\zeta(t)$,取样间

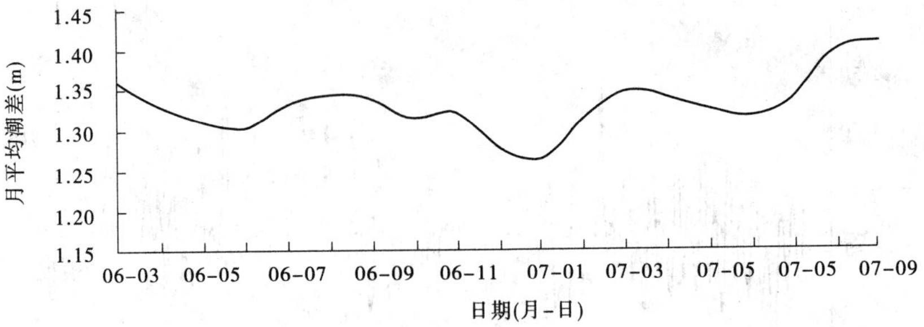

图 8-6　月平均潮差变化曲线

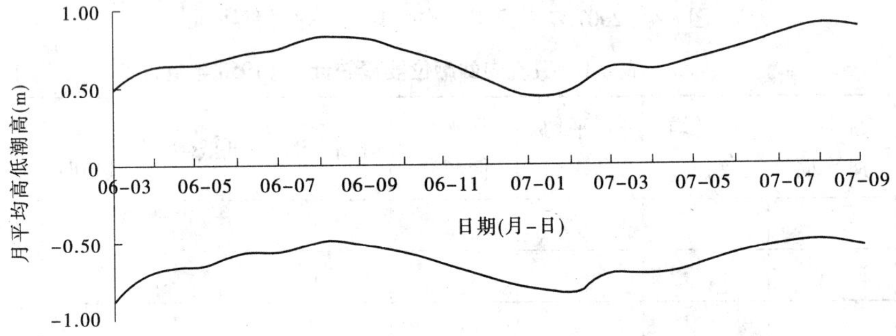

图 8-7　月平均高低潮高变化曲线

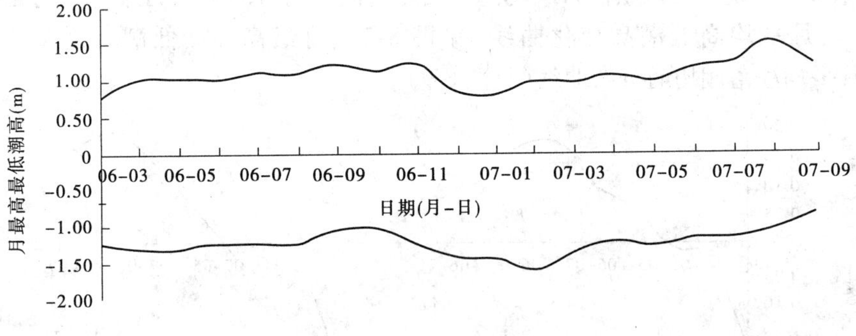

图 8-8　月最高和最低潮高分布曲线

隔为 1 h,求得各分潮的调和常数,确定该区的潮汐性质。将调和常数计算的潮位数据与实测数据对比,如果两组数据基本吻合,表明调和分析结果合理可信。

所有工程结束后,对潮汐观测工作进行系统总结。其内容主要包括潮汐观测过程的分析,存在问题及处理意见,对成果进行全面的评价等。

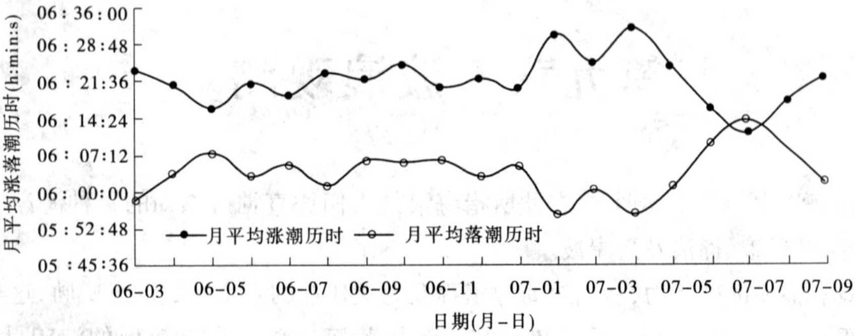

图 8-9　月平均涨落潮历时分布曲线

第九章 波浪观测

海浪在海洋中存有多种形式,在此所指海浪是人们凭直觉可感知的一种海洋表面波动,即风产生的风浪、涌浪及近岸波。

波浪具有惊人的破坏力,从而对海洋工程及海上作业的安全构成巨大威胁,这早已引起人们的重视,并进行了大量观测和研究。但是黄河三角洲附近海域的波浪状况,在1984年以前了解很少,在1985年完成的全国海岸带调查报告中属于空白区。这种状况的产生主要是因黄河尾闾自由摆动造成漫长广阔的不安全荒滩,无法设站观测所致。随着胜利油田发展的需要,最早是因建设东营港的要求,于1984年8月正式开始了对黄河三角洲海域的波浪观测和研究。先后有中国科学院海洋研究所、国家海洋局北海分局及第一海洋研究所、中国海洋大学等单位分别进行了波浪观测。

本章主要介绍波浪观测的方法及资料的统计方法。

第一节 观测方法

波浪观测方法分人工观测和仪器自动观测。人工观测就是使用光学测波仪,仪器自动观测就是使用仪器进行波浪的自动观测和记录及数据传输。

一、人工观测

人工观测按照《海滨观测规范》(GB/T 14914—2006)的要求,只在每日的8时、11时、14时、17时进行观测,观测要素主要是波高、波周期及波向。

人工观测的原理就是在岸边设置光学测波仪,在指定的海区布设浮筒,然后确定仪器与浮筒的位置、俯视角及平均海面高度,看浮筒位置的变化推算波高(三角原理)。波浪周期使用秒表测定。

人工观测的具体方法:在距岸边500~1 000 m的地方选一平潮水深约7 m的区域,投置一观测浮标。浮标系留的长度最少为平潮水深加最大波高的一半。为了保证观测浮标在大浪天气里能自由浮动,系留绳的长度设计为12 m,下面用一个小型的水泥砣系住就可以。然后把浮标向岸边方向拉紧,此时用激光测距仪测量浮标到岸边参照物的距离,多次测量取平均数 L。波浪观测时把经纬仪架设在岸边的参照点上,观测波高与该点的垂直角,通过 L 计算两点高差 h,两次高差相减即可得出波高值 H。光学测波仪观测波高原理如图9-1所示。多次观测结果即可计算所要的波浪要素。

由于人工观测受天气因素较大,而且工作量也大,因此该观测方法逐渐被自动观测仪器取代。

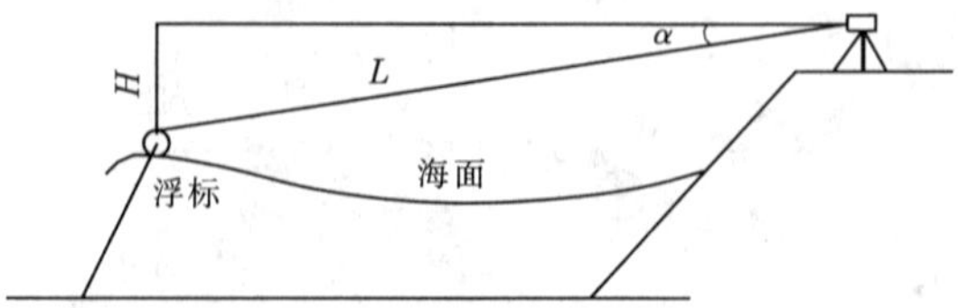

图 9-1　光学测波仪观测波高原理

二、仪器自动观测

目前,可以自动观测波浪的仪器主要有两种:一种是浮标型的,一种是沉入水下型的。浮标型的波浪仪是利用重力加速度传感器测量浮标随波浪上升和下降所用的时间确定波高,利用磁罗盘确定浮标的倾斜方向从而确定波浪方向。沉入水下型的波浪仪利用多波束的原理测定波浪方向,利用压感器测定波峰和波谷的不同压差从而确定波高。

在黄河口使用较多的是浮标型的波浪仪,本文主要介绍浮标型的波浪仪的使用。

第二节　浮标型遥测波浪仪

浮标型遥测波浪仪主要由波浪浮标体、数传电台、接收机等部件组成。

一、性能指标

浮标型遥测波浪仪的性能指标见表 9-1。

表 9-1　浮标型遥测波浪仪的性能指标

测量参数	测量范围	测量准确度
波浪高度	0.3 ~ 20 m	±(0.3 +5% ×测量值)m
波浪方向	0° ~ 360°	±10°
波浪周期	2 ~ 20 s	±0.5 s

二、测量过程中仪器的参数设置

仪器采用 3 h 定时工作方式,采样间隔为 0.5 s。当波浪变化超过设定的门限值时,浮标自动进行加密观测。加密观测时每 1 h 观测一次,生产中波浪浮标的加密观测门限值一般设置为 2 m。

三、浮标系留

浮标型遥测波浪仪采用单点锚泊方式系留浮标。

根据不同的海底质采用不同重量的霍尔锚,一般采用 70 kg 的锚就能满足要求。用 25 m 直径 0.016 m 的锚链连接霍尔锚作为拖地链,然后通过一转环再连接直径 0.014 m 的锚链,最后再通过转环连接浮标。连接方法见图 9-2。

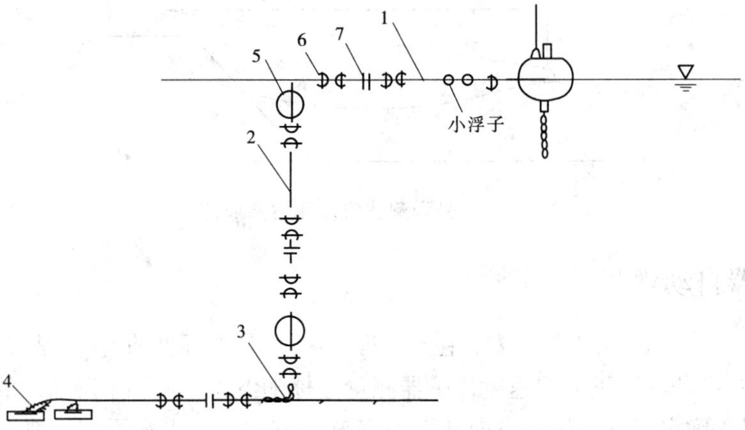

图 9-2　浮标系统图

1—水平缆，采用多层股不旋转钢丝绳（ϕ10～ϕ14 mm），长度 20～30 m；2—多层股不旋转钢丝绳（ϕ10～ϕ14 mm）或 6×19、6×24 镀锌钢丝绳，长度≤最高潮水深值；3—锚链，链径 ϕ12～ϕ16 mm，长度 30 m 左右；4—锚，霍尔锚或马氏大抓力锚，重 50～75 kg；5—串心浮力球，ϕ300 m，耐压型、浮力 11 kg；6—卸扣，ϕ14～ϕ16 mm；7—转环，ϕ18～ϕ20 mm

第三节　项目实施方案的制订

波浪观测实施前，必须制订项目实施方案，方案主要包括观测内容、观测依据、观测仪器、观测人员组成、项目实施、安全措施等。

一、观测内容

波浪观测的内容主要是对波浪周期、波高、波向等，海洋波浪要素连续观测确定观测周期。

二、观测依据

波浪观测主要依据《海滨观测规范》（GB/T 14914—2006）和《水运工程波浪观测和分析技术规程》（JTJ/T 277—2006），另外还有上级单位或业主提供的技术任务书。

三、观测仪器

观测过程中对主要使用的仪器进行编列。同时介绍仪器的性能指标等参数，以表示使用的仪器满足观测要求。

四、观测人员

由于波浪观测的周期较长，一般为一周年，因此要考虑观测人员的轮换。要求观测人员熟悉仪器的操作，能独立完成接收机端观测数据的下载、保存，能完成浮标体内电池的更换及数据的复制拷贝。在人员安排时，考虑到浮标体的电池电量能持续供电 3 个月，为了保证仪器的用电,安排 2 个月更换电池,同时观测人员轮换较为合理。

五、项目实施

项目实施过程包括以下几点。

(一)测点与观测场地的选择

观测点海面应开阔,无岛屿、暗礁、沙洲和水产养殖、捕捞区等障碍物影响,并尽量避开陡岸。平潮水深不低于 8 m,同时满足设计要求的海域。

(二)仪器的布放和安装

仪器的布放和安装应按各仪器的要求进行。测波浮标布放后必须立即测定布放点的水深,布放时潮高,布放点相对于岸上观测场地(或接收点)的方位、水平距离。用公式计算出布放点海底到潮高基准面的高度:

$$D_S = D - h$$

式中:D_S 为布放点海底到潮高基准面的高度,m;D 为布放点布放时的水深,m; h 为布放时潮高,m。

所测各项参数应详细记载和归档。

(三)项目观测

仪器观测要素:时间、波高、波向及波周期。

人工观测要素:时间、海况、风力。仪器出现异常时人工目测波浪要素。观测人员每天定时观察仪器的安全情况,记录观测日志。

六、仪器的各项安全措施

由于每次的波浪过程没有重复性,不可预演,因此要保证观测期内的每次波浪过程都能测得到、测得准。采取措施如下。

(一)浮标体安全措施

1. 防止台风的破坏

只有保证了浮标体的安全,才能保证观测数据的安全。因此,必须严格按照浮标要求的技术参数进行安装。

联系当地的船只,一旦发现仪器走失及时出动船只找寻。

2. 防止人为因素的破坏

为了防止人为因素的破坏,密切联系当地群众、水产养殖户,加大对他们的宣传力度,告诉他们仪器起什么作用及仪器遭到破坏的后果。同时我们在浮标体上喷绘了警方标语及联系电话,以便过往的船只知道仪器是什么设施。

3. 观测人员定时察看

项目实施前,制定严格的工作制度,其中一项内容就是要求观测人员定时察看仪器的安全情况,一旦出现异常情况紧急启动预案并及时向上级报告。

(二)浮标电池系统的安全

该波浪浮标内安装的可充电、免维护的铅电池,共 10 元,每块电池的电压为 12 V。按照浮标体内各设施的要求功率计算,该电池组能持续供电 3 个月。为了保证浮标安全,杜绝出现由于电池不供电而导致的观测异常情况，注意接收机的打印记录中也显示浮标体内电池组的电压，一旦出现电压不够的情况，随时更换电池组。

（三）观测数据的安全及质量监控

该型号仪器接收机部分有三种数据存储方式。第一种是把数据存储在接收机内部的存储器中，然后再与计算机连接，把数据回放到计算机里；第二种是通过微型打印机把观测的统计数据实时打印出来；第三种是浮标体内配置了一套存储器，把所有的观测数据全部存储起来，每次更换电池组期间把观测数据也取出来，从而提高了观测数据的安全性。

仪器正常观测期间，观测人员应定时对仪器的观测数据质量进行监控，发现观测数据与实际海况不符的情况时立即启动人工观测预案并及时分析解决仪器存在的问题。

（四）人工观测

正常情况下，人工观测的要素为海况、天气及风力情况。一旦出现如下两种情况，立即启动人工观测：一是仪器不能工作，二是仪器丢失。人工观测按照《海滨观测规范》（GB/T 14914—2006）的要求，只在每日的 8 时、11 时、14 时、17 时观测，观测要素除上面提及的外，主要是波高、波周期及波向。

第四节　质量保证文件的编制

一、实施单位的资质保证

介绍实施单位在海洋调查、水资源评价、工程测绘等方面具有的资质和资格，在波浪观测任务开展实施全过程中，承担单位能严格按照专题任务的质量保证所要求的，制定相关管理程序和质量控制程序，对任务实施过程中的所有质量活动进行了全过程控制，满足安全法规和质保大纲的相关要求。

二、实现途径

质量保障是对观测项目进行“有效管理”的一个实质性步骤，通过有效地组织管理和控制保证了观测项目所提出的质量要求。质量保障的实现途径主要包括如下几个方面：

（1）为实现观测项目的全过程质量控制，专门成立了项目管理组织机构和质量保障组织机构。

（2）对要完成的任务作认真分析，明确质量目标或标准。

（3）确定所要求的技能，选择合适的人员。

（4）使用适当的设备和程序，创造良好的工作环境。

（5）明确承担任务者的个人责任，对所有对质量有影响的工作提出要求及措施，以及规定提供可证明已达到质量要求的文件等。即对所有影响质量的活动提出相关要求及措施，包括验证需每一种活动是否已正确地进行，是否采取了必要的纠正措施等。

三、质控流程

质量控制工作流程见图 9-3。

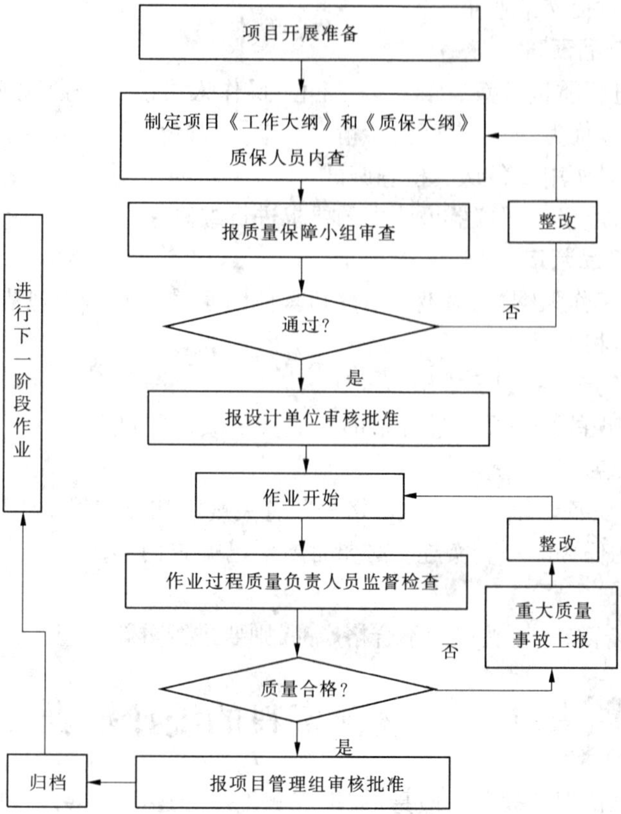

图 9-3　质量控制工作流程

四、具体措施

为实现观测项目的质量控制目标,观测项目组在观测工作中采取一系列的质量保障措施,具体包括以下几点。

(一)人员资质保障

本项目的主要参加人员均曾多次从事该类观测,经验丰富,掌握有关专业技术知识、野外调查方法和规范化仪器设备使用等技能。

(二)仪器设备与标准物质

所有海洋调查工作计量器具均应通过相应的计量鉴定与校准。此外,对国家未制定鉴定规程、校准规范和/或授权单位的仪器设备,承担单位要进行自校与现场比测(互校)。

(三)数据、文件资料的管理

根据观测《质保大纲》要求,及时对数据和其他文件资料进行整理和归档,创建该观测项目的管理文件夹,确保数据备份安全。制定质量文件借阅记录表和主要质量保证记录的清单。

(四)成果数据的管理

组织评审专家对中间成果及最终成果数据进行评审,根据评审意见修改完善后,及时归档备案，确保按时提交给业主。

（五）不合格产品预防

对操作人员进行质量教育，提高其责任心；操作人员能够按照说明书熟练地调试仪器，能判断资料质量优劣；操作期间保持精力集中，并避免各岗位人员的相互干扰；出海作业前，各有关人员对所用设备认真检查调试；及时更新因使用过久而老化的设备部件；作业结束后对各设备严格按照仪器说明书的要求进行维修保养。

（六）不合格产品判定

不符合观测《工作大纲》、《质保大纲》和其他国家最新颁布的规范、规程和标准要求的产品均定为不合格产品。

（七）对不合格产品的纠正措施

（1）对及时发现的野外操作过程中的一般性事故，要按照具体操作规范及时改正操作方法，确保调查结果的准确可靠性。

（2）对于仪器设备老化问题应该严格按照有关规定和要求尽快组织对仪器进行修理和鉴定以确保专题任务的顺利实施。必要时要对已调查内容重新调查，以确保资料的合格化。

（3）成果数据若经审核被视为不合格产品，则要进行重新处理达到合格。

第五节　观测资料的统计报表

目前波浪观测依据的规范一般是《海滨观测规范》（GB/T 14914—1994），其中海浪观测月报表有两种格式：一种是人工观测的格式，另一种是仪器自动观测的格式。由于目前波浪观测几乎全部使用仪器自动观测，因此使用第二种格式的较多。对于第二种格式，在使用过发现存在很多不便之处：月报表把每次观测的波浪要素分散在三个页面上，资料的录入、查询、打印及装订等非常不方便，同时在资料分析时，也不方便使用。针对这个问题，根据多次项目积累的经验，我们设计了另一种月报格式，该格式把每次观测的波浪特征要素设计在一个页面的一行里，资料录入时在电子表格中进行，克服了规范中月报格式的缺点。规范格式的海浪观测月报表如表 9-2、表 9-3、表 9-4、表 9-5 所示，设计的月报格式见表 9-6。

表 9-2　海浪观测月报表（一）

站名______测点位置　北纬____°____′　东经____°____′　仪器名称型号________

年　月　测波浮标（传感器）处水深______m　波高测量准确度等级________

日期	海况（级）								波型								风浪向								涌浪向							
	02	05	08	11	14	17	20	23	02	05	08	11	14	17	20	23	02	05	08	11	14	17	20	23	02	05	08	11	14	17	20	23
1																																
2																																
⋮																																
31																																

表 9-3　海浪观测月报表(二)

年　　月

日期	最大波高(m)								最大波周期(s)								1/10 大波波高(m)								1/10 大波周期(s)							
	02	05	08	11	14	17	20	23	02	05	08	11	14	17	20	23	02	05	08	11	14	17	20	23	02	05	08	11	14	17	20	23
1																																
2																																
⋮																																
31																																

表 9-4　海浪观测月报表(三)

年　　月

日期	有效波高(m)								有效波周期(s)								平均波高(m)								平均波周期(s)								波数							
	02	05	08	11	14	17	20	23	02	05	08	11	14	17	20	23	02	05	08	11	14	17	20	23	02	05	08	11	14	17	20	23	02	05	08	11	14	17	20	23
1																																								
2																																								
⋮																																								
31																																								

表 9-5　海浪观测月报表(四)

年　　月

日期	水深(m)								加密观测记录																备注	
	02	05	08	11	14	17	20	23	日期	时间	海况	波型	风浪向	涌浪向	有效波高(m)	有效波周期(s)	1/10大波高(m)	1/10波周期(s)	最大波高(m)	最大波周期(s)	平均波高(m)	平均波周期(s)	波数	水深		
1																										
2																									抄录	校对
⋮																									初算	预审
31																									复算	审核

表 9-6　SZF 浮标波浪观测统计表

站名________测点位置　北纬____°____′　东经____°____′　仪器名称型号________

2006 年 3 月　测波浮标(传感器)处水深______ m　波高测量准确度等级__________

日期(月·日)	时间(h:min)	风向(°)	风力(级)	海况(级)	波型	H_{mean}(m)	T_{mean}(s)	H_{max}(m)	T_{max}(s)	$H_{1/10}$(m)	$T_{1/10}$(s)	$H_{1/3}$(m)	$T_{1/3}$(s)	波数 N	主要波向	百分比(%)
3.1	02:00					0.13	5.0	0.28	6.5	0.23	5.0	0.19	5.5	190	180.0	32.6
	05:00					0.13	5.0	0.29	5.5	0.23	5.0	0.18	5.0	188	135.0	66.0
	08:00	180	1	1	U	0.18	5.0	0.52	10.5	0.34	5.5	0.27	5.5	197	135.0	50.0
	11:00					0.14	5.0	0.33	5.0	0.25	5.5	0.2	5.5	175	225.0	22.8

续表 9-6

日期（月·日）	时间（h:min）	风向（°）	风力（级）	海况（级）	波型	H_{mean}（m）	T_{mean}（s）	H_{max}（m）	T_{max}（s）	$H_{1/10}$（m）	$T_{1/10}$（s）	$H_{1/3}$（m）	$T_{1/3}$（s）	波数 N	主要波向	百分比（%）
	14:00					0.18	5.0	0.35	6.0	0.31	5.5	0.26	5.5	187	180.0	25.4
	17:00					0.2	5.0	0.49	5.5	0.38	5.0	0.29	5.0	203	180.0	21.7
	20:00					0.22	5.0	0.53	5.0	0.4	5.0	0.32	5.0	207	180.0	31.0
	23:00					0.16	5.0	0.35	6.0	0.3	5.5	0.24	5.5	176	135.0	100.0
⋮																
3.31	02:00					0.19	4.5	0.46	5.5	0.38	5.0	0.29	5.0	213	135.0	34.7
	05:00					0.2	5.0	0.5	5.5	0.36	5.0	0.29	5.5	207	135.0	60.0
	08:00	180	1	1	U	0.23	5.5	0.58	6.0	0.44	5.5	0.35	5.5	197	157.5	58.9
	11:00					0.16	5.5	0.4	6.5	0.3	5.5	0.24	5.5	167	135.0	100.0
	14:00					0.17	5.5	0.38	5.5	0.3	5.5	0.25	5.5	183	180.0	25.3
	17:00					0.15	5.0	0.34	5.0	0.26	5.0	0.21	5.0	176	180.0	25.3
	20:00					0.16	5.0	0.38	5.5	0.28	5.0	0.23	5.0	197	90.0	100.0
	23:00					0.11	5.5	0.25	5.5	0.19	5.5	0.16	5.5	141	135.0	50.0

表 9-6 中,风向和风力使用手持式风速风向仪观测,海况和波型人工目测,其他部分从仪器观测记录中摘录。

第六节　资料统计分析

资料统计分析即项目报告编写。波浪观测的项目分析报告主要包括以下几个部分。

一、工程概况

（一）项目来源

介绍项目地点及来源。

（二）编制依据

编制依据是项目执行过程中,切实遵循的相关法规、标准、技术要求和工作内容等有关文件。

（三）工作主要任务和目的

本专题的主要任务:掌握观测海区水文状况及海洋水文要素变化规律,分析工程海区波浪特性,设立波浪观测点进行定点观测。项目主要目的是为满足工程设计对水文气象资料的要求,提供原始观测资料和数据。

（四）工作内容

本专题工作内容主要包括:对海洋水文专用站进行选址和观测点布设;建造海洋水文专用站,对波浪进行定点观测;进行观测资料整编和数据分析,并最终提交。

二、调查概况

(一)观测方案

根据测区情况,结合技术要求确定观测方案。

(二)观测仪器

介绍观测点布放仪器的位置(用经纬度表示)、布放点的水深及海底质情况。观测仪器采用的观测方式为定时观测,每 3 h 观测一次,即在每天的 2 时、5 时、8 时、11 时、14 时、17 时、20 时、23 时进行观测。仪器的加密门限为 1/10 大波波高 2.0 m,当超过该数值时,进行加密观测,每 1 h 观测一次。仪器采样间隔为 0.5 s。所有初始结果经汇总分析后算出各种波浪参数,如1/10 波高、平均波高、最大波高、有效波高、平均周期等,留作进一步分析用。

最后编列仪器的指标参数。

(三)观测实施过程

介绍从测区勘察、项目准备、仪器布放、开始观测至结束的过程情况。

(四)数据采集率

数据采集率就是对定时观测波浪数据检查的一种指标。正常情况下,该采集率应当是 100%。由于仪器更换电池、仪器出现故障等因素的影响,可能在规定的时间内仪器不能投放入海,因此耽误了数据的采集。

该指标就是对观测期内的所有测次进行统计,把漏测及缺测的测次统计出来,即得数据采集率。

(五)观测大事记

记录项目实施过程中对项目影响较大的事情,如项目勘察、仪器布设、仪器更换电池、海浪较大的天气过程、上级领导检查及慰问等事情。最后根据发生的时间先后顺序进行编列。

三、波浪资料分析

(一)分析方法

1. 波型出现频率

波型 F 代表风浪,U 代表涌浪,波型分类见表 9-7。波型的出现频率为:

$$风(涌)浪出现的频率=\frac{风(涌)浪出现回数}{时限内实有的观测次数}\times 100\%$$

表 9-7　波型分类

F	U	FU	F/U	U/F
风浪	涌浪	风浪与涌浪相等混合浪	以风浪为主的混合浪	以涌浪为主的混合浪

2. 波向频率

波向指波浪传播的来向。波向频率 P 是统计年、季或月的各向波出现次数 n 与相应时限的观测总次数 N 的百分比,即

$$P = n/N \times 100\%$$

P 一般称为波向出现频率，以相应比例在不同方向标出波浪出现频率 P 的图称波向玫瑰图。

3. 各向各级波高频率和海浪玫瑰图

用 1/10 大波波高值对应的波级，统计每级波高于不同方位出现的次数 n_i，然后除以相应时限内的总次数 N，得某向某波高范围的出现频率 P_i，即

$$P_i = n_i/N \times 100\%$$

以 P_i 按一定比例，绘制各向各级波高出现频率的图示称为波高频率玫瑰图或称海浪高频率玫瑰图。

波级在国际上和我国国标均以有效波高范围划分波级，但我国长期海洋站观测的波高是 1/10 大波波高，故本文用此划分波级。

在深水区，有效波高和 1/10 大波波高有一简单的换算关系：

$$H_S = 0.788 H_{1/10}$$

累积率波高与 1/10 大波高关系为

$$H_{1\%} = 1.192\ H_{1/10} \qquad H_{5\%} = 0.96\ H_{1/10}$$

以有效波高和 1/10 大波高波级划分如表 9-8 所示。

表 9-8 1/10 大波高波级划分

波级	1/10 大波高范围(m)	海浪名称
0	0	无浪
1	$0 \leqslant H_{1/10} < 0.1$	微浪
2	$0.1 \leqslant H_{1/10} < 0.5$	小浪
3	$0.5 \leqslant H_{1/10} < 1.5$	轻浪
4	$1.5 \leqslant H_{1/10} < 3.0$	中浪
5	$3.0 \leqslant H_{1/10} < 5.0$	大浪
6	$5.0 \leqslant H_{1/10} < 7.5$	巨浪
7	$7.5 \leqslant H_{1/10} < 11.5$	狂浪
8	$11.5 \leqslant H_{1/10} < 18.0$	狂涛
9	$18.0 \leqslant H_{1/10}$	怒涛

在浅水区波要素受水深的影响，各种波高换算系数随平均波高 H 与水深 h 的比值变化而改变。浅水区各波高的换算系数如表 9-9 所示，即设计波高与 $H_{4\%}$ 换算关系。

(二)波浪基本特征

波浪特征值统计主要包括每月有效波高大于 1 m 的统计、每月有效波高的变化过程、每月波浪特征值统计、每月不同波级波高出现频率统计、每月有效波高与有效波周期的联合分布等。

表 9-9　设计波高与 $H_{4\%}$ 换算关系

$\overline{H}/a$	$H_{4\%}/\overline{H}$	$H_{1\%}/H_{4\%}$	$H_{5\%}/H_{4\%}$	$H_{13\%}/H_{4\%}$
0.0	2.02	1.20	0.965	0.796
0.1	1.92	1.18	0.968	0.814
0.2	1.81	1.16	0.972	0.833
0.3	1.70	1.14	0.976	0.853
0.4	1.59	1.12	0.981	0.874
0.5	1.48	1.10	0.986	0.895

1. 每月有效波高大于 1 m 的统计

该项目统计是从波浪月报表中摘录，主要摘录的要素是月份、时间、有效波高等。

2. 每月有效波高的变化过程

该项主要是绘制有效波高的变化过程线，横坐标为时间、纵坐标为对应的有效波高。从波浪月报表中把数据复制出来，用电子表格可以轻松绘制有效波高的变化过程线。该过程线可以直观地反映有效波高在一月中的详细变化过程。2006 年 11 月份有效波高变化曲线见图 9-4。

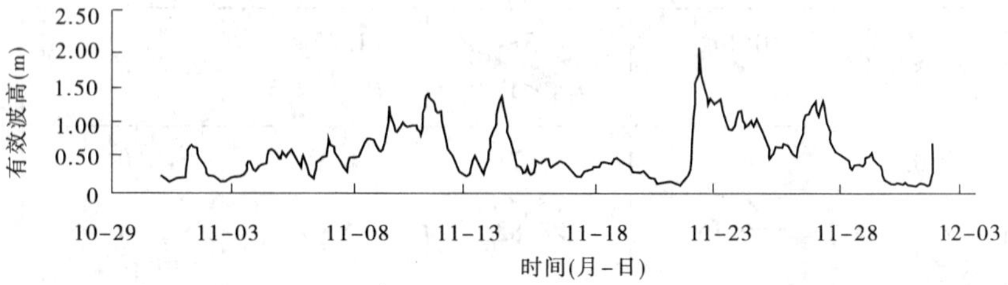

图 9-4　2006 年 11 月份有效波高变化曲线

绘制完成变化过程线后，结合人工观测的气象记录，说明波浪变化的影响因素。一般来说，影响风浪的条件主要有风区长度、风时及风力等。

3. 每月波浪特征值统计

该项主要统计每月最大波高(m)、1/10 大波波高最大值(m)、月平均波高(m)、1/3 大波波高最大值(m)、最大波周期(s)、月平均周期(s)，然后根据统计的特征值绘制特征值变化曲线。

在进行该项统计时，利用月报表的数据在电子表格中进行，充分利用电子表格计算、统计、排序等功能，把需要统计的特征值查询出来。

4. 每月不同波高出现频率统计

该项主要统计有效波高和 1/10 波高的波高级。波级在国际上和我国国标均以有效波高范围划分波级，因此统计时主要统计有效波高的波高级。有效波高波级划分如表 9-10 所示。

表 9-10　有效波高波级划分

波级	有效波高范围(m)	海浪名称
0	0	无浪
1	$0 \leqslant H_{1/3} < 0.1$	微浪
2	$0.1 \leqslant H_{1/3} < 0.5$	小浪
3	$0.5 \leqslant H_{1/3} < 1.25$	轻浪
4	$1.25 \leqslant H_{1/3} < 2.5$	中浪
5	$2.5 \leqslant H_{1/3} < 4.0$	大浪
6	$4.0 \leqslant H_{1/3} < 6.0$	巨浪
7	$6.0 \leqslant H_{1/3} < 9.0$	狂浪
8	$9.0 \leqslant H_{1/3} < 14.0$	狂涛
9	$14.0 < H_{1/3}$	怒涛

统计后的各月不同波级有效波高出现频率如表 9-11 所示。

表 9-11　各月不同波级有效波高出现频率

时间(年－月)	波高					
	$H_{1/3} < 0.1$	$0.1 \leqslant H_{1/3} < 0.5$	$0.5 \leqslant H_{1/3} < 1.25$	$1.25 \leqslant H_{1/3} < 2.5$	$2.5 \leqslant H_{1/3} < 4$	合计
2006－06	0	86.29	13.71	0	0	100.00
2006－07	0	66.16	28.83	5.01	0	100.00
2006－08	0	77.64	22.36	0	0	100.00
夏季	0	76.35	22.00	1.65	0	100.00
2006－09	0	82.78	14.61	2.61	0	100.00
2006－10	0	78.65	20.75	0.60	0	100.00
2006－11	0	51.98	39.48	8.54	0	100.00
秋季	0	71.64	24.58	3.79	0	100.00

5. 每月有效波高与有效波周期的联合分布

为了弄清海区的波高与周期的关系，就需要建立波高与周期的联合分布。根据公式计算概率密度值。

$$P_{ij} = N_{ij}/N\Delta H\Delta T$$

其中 N_{ij} 为每个方区 $\Delta H\Delta T$(如 $\Delta H = 0.2$ m，$\Delta T = 0.5$ s)内的点数，N 为参加统计的总波数。

把计算得到的 P_{ij} 值标在方格纸上，再按一定的间隔，在方格纸上绘出等 P_{ij} 线。在实际应用过程中，计算统计的 P_{ij} 值直接表现在表格中，而不再绘制等 P_{ij} 线。2006 年 4 月 $H_{1/3}$ 波高与 $T_{1/3}$ 周期联合分布统计见表 9-12。

表 9-12　2006 年 4 月 $H_{1/3}$ 波高与 $T_{1/3}$ 周期联合分布统计

波高(m)	周期(s)							频率	累计频率
	3~4	4~5	5~6	6~7	7~8	8~9	9~10		
0~0.2	0	2.09	12.68	6.02	3.78	0	0	24.57	24.57
0.2~0.4	0	2.72	13.43	14.12	4.46	1.40	0.35	36.48	61.05
0.4~0.6	0	1.25	4.63	11.01	4.35	1.15	0	22.39	83.44
0.6~0.8	0	0.58	2.64	2.90	0.42	0	0.75	7.29	90.73
0.8~1.0	0	0	1.07	1.83	1.26	0	0	4.16	94.89
1.0~1.2	0	0	0	2.32	0.83	0	0	3.15	98.04
1.2~1.4	0	0	0	0.47	0.39	0.76	0	1.62	99.66
1.4~1.6	0	0	0	0	0	0.34	0	0.34	100.00
频率	0	6.64	34.45	38.67	15.49	3.65	1.10		
累计频率	0	6.64	41.09	79.76	95.25	98.90	100.00		

(三)波浪方向玫瑰图

波浪的方向和风向的定义一样，是指波的来向。目前，波浪观测一般按 16 方向划分波向。表示波浪方向分布变化的最好形式是波浪玫瑰图。

波浪观测过程中，每个时段观测的波向分布在很多方向上，但在其中的某个方向上占的比重值最大。在进行统计时，把占比重最大的方向作为波浪的主波向。根据观测期间内总的波浪观测次数统计出主波向上的波浪观测次数，并根据波高的范围分别统计波浪在每个方向上的观测次数，最后计算波高在一定范围内在各方向上出现的频率，依此可画出波浪方向玫瑰图，把最大波出现的方向作为强浪向。

在波浪方向统计时，可以按不同波级分别统计，这样可以区分出各种海浪的方向分布。各波高频率及累计率统计的格式如表 9-13 所示。

依据表 9-13 的数据在电子表格中就可以绘制不同波高级的波浪方向玫瑰图(见图 9-5)。

以上四方面是波浪资料统计分析时常用的方法。分析统计中常用的工具是电子表格，以上的几项统计分析中，使用电子表格均可以轻松实现，省时省力，且数据统计精度高。按照表 9-6 的格式，在电子表格中录入完成后就可以直接用来统计分析了。

表 9-13　各波高频率及累计率统计(11 月,波浪总数 =9 628)

波高 H	方位																		
	0	22.5	45	67.5	90	112.5	135	157.5	180	202.5	225	247.5	270	292.5	315	337.5	f	F	D
0	0.002	0.026	0.097	0.082	0.052	0.015	0.024	0.021	0.021	0.016	0.004	0.011	0.011	0.009	0.012	0	0.40	1.00	30.0
0.5	0.006	0.042	0.072	0.058	0.025	0.012	0.026	0.009	0.012	0.004	0.031	0.007	0.019	0.008	0.038	0.019	0.39	0.60	17.9
1.0	0.008	0.038	0.012	0.009	0.016	0.009	0.010	0.012	0	0	0	0	0	0.006	0.007	0.010	0.14	0.21	6.3
1.5	0.007	0.004	0	0.005	0.003	0	0	0	0	0	0	0	0.007	0.003	0.022	0.005	0.06	0.07	2.2
2.0	0	0	0	0	0	0	0	0	0	0	0	0	0	0.005	0.002	0	0.01	0.02	0.5
2.5	0.002	0	0	0	0	0	0	0	0	0	0	0	0	0.003	0.002	0	0.01	0.01	0.3

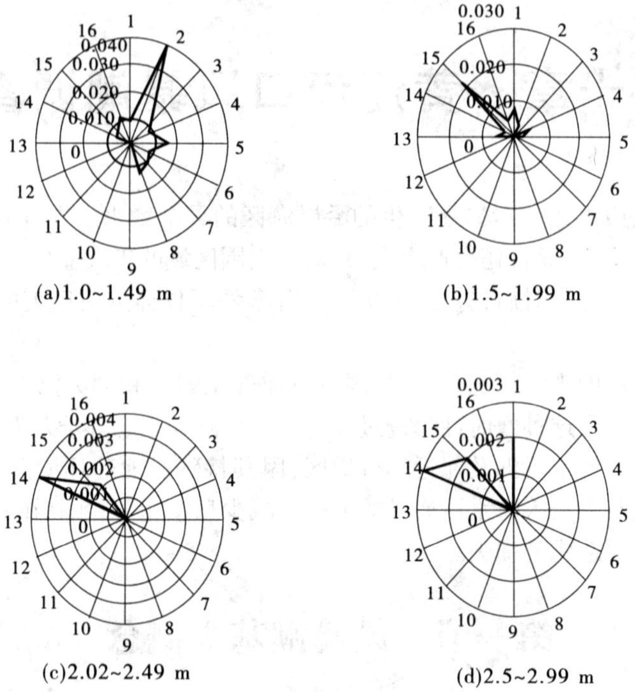

图 9-5　不同波高级的方向玫瑰图

第十章　黄河河口风暴潮调查

风暴潮指的是由大风(风暴)所产生的沿岸海区的异常增水。在近海海洋上,大风过境不仅会产生异常增水,而且还会产生大浪,对其周围区域的工农业生产设施造成损害而形成灾害。在大风暴发生时所诱发的风暴潮灾害事件不仅会造成巨大的经济损失,甚至会造成人员伤亡。

从海陆相互作用的观测情况看,风暴潮是海洋气象因素和动力因素综合引起的地区性、暂时性的海侵过程,这种暂时性海侵过程对于沿海陆地生态环境及人民的生存环境具有很大的破坏性。黄河三角洲及邻近滨海地区,因其特殊的地理环境而成为风暴潮易发区。风暴潮的发生与黄河入海水沙通量的大幅度减少息息相关,尤其在断流的时期,有可能进一步加剧风暴潮造成的损失。

第一节　风暴潮基本概念

一、简介

风暴潮条件下水位变化的可靠预测是海岸带工程项目计划和设计的基本要求。在风暴潮条件下确定设计水位是一个复杂的问题,它涉及到风和波浪之间的相互影响、大气压的差异以及和风暴潮无关的其他机制产生的各种后果。当仅仅考虑风暴潮产生的过程时,风被认为是水位产生变化的最重要因素。

风暴潮:通常用来描述由于风暴的作用导致水位脱离正常水位。

风增水:通常用来描述湖、水库和小型水体的水位抬升。

风减水:用来描述在水盆的上风向处,水位下降低于正常水位。

风暴:起源于热带地区的风暴被称为热带风暴;产生于冷锋或温带锋的风暴,称为温带风暴,在美国也叫东北大风;发生在大西洋、墨西哥湾、加勒比海和北太平洋东部的热带气旋中心最大风速达 120 km/h 及以上时称为飓风。

二、风暴潮产生的因素

在风暴期间,水位脱离正常水位的程度决定于天文潮、风向、大气压的差异(气压潮)、地球的旋转、降雨量、表面波有关的波浪增水和风暴作用的影响等因素。这些因素与风暴的性质和动态、水盆的水文状况、系统的初始状态及系统外部其他影响因素等有关。

水位的抬升和下降取决于风暴的强度、路径或轨迹、水面风场的持续时间、大气压的变化、推进速度、风暴范围大小以及有关的降水量。影响水位变化的水盆特性是盆地范围的大小、形状和海底地形及粗糙度。此外,与风暴尺度相关的水盆范围也很重要。

三、初始水位

在开阔的海岸带、封闭盆地或半封闭盆地的水体表面在风暴来临之前并不总是正常水位。在没有天文因素影响的情况下，偏离正常水位的水体表面被认为是初始水位，在风暴系统运动过程中，它是帮助水位达到一定高度的重要因素。由于波浪产生的原始环流和水体输移，使得一些海岸带工程师把水位的差异看做风暴前夕的预兆，尤其是水位高于正常水位时，应特别注意。在美国墨西哥湾沿岸，一些地段的水位可以高出正常水位 0.6 m。

第二节　黄河三角洲地区的风暴潮

黄河三角洲地区位于莱州湾西岸、渤海湾南岸，地形地理环境特殊，沿岸极易发生风暴潮，是中国风暴潮重灾区之一，同时也是世界上少数的温带风暴潮频发区。

黄河三角洲海区的风暴潮不仅可以由热带风暴（台风）引起，而且也可由寒潮（冷空气）或温带风暴（如江淮气旋）引发。由于后者所产生的风暴潮的危害性还未被广泛认知，因此它所造成的风暴潮的突发性、灾害性及其灾害的严重性往往为人们所忽视。

风暴潮造成极大的财产损失和人员伤亡，还破坏沿岸的生态环境。随着黄河三角洲地区经济的全面开发，沿海人口密度和工业产值随之迅速增加，风暴潮灾害所造成的损失也呈急剧增长的趋势，风暴潮已成为制约东营市国民经济和胜利油田油气开发的重要因素。

影响黄河三角洲地区的风暴潮有以下特点：一是多发生在春秋季节，二是多发生在渤海湾和莱州湾沿岸。而黄河三角洲地区沿海为平原，地势平缓，地面坡度为 1/10 000 左右，入海河道坡降小，防潮设施脆弱，因而历史上发生大的风暴潮时，除了沿海滩区受淹外，潮水往往沿河床上溯数十千米，不仅造成直接风暴潮灾害，而且带来间接经济损失和次生灾害，使灾害损失加重。风暴潮及其灾害的天气形势主要是北方的温带系统和南方北上的热带系统。

一、温带系统风暴潮及其灾害

温带系统主要分为冷高压与气旋相配合、北方南下横向冷高压和气旋型。出现季节主要为春、秋季节，冬季较少，夏季偶有发生。春、秋季节的 3、4 月和 10、11 月出现次数最多，占全年出现总次数的 63%，其增水幅度也最大。

（一）气旋和倒槽配合北方冷高压型天气的风暴潮及其灾害

春、秋、冬季造成黄河三角洲沿海区域大幅度风暴增水灾害的天气形势主要是气旋或倒槽配合北方高压型。

该型天气影响前期，黄、渤海海域维持较强的东南向风场。黄海表层水在东南向大风风应力作用下源源不断地输入渤海，使渤海中—北部甚至整个渤海水位升高，当气旋引导冷高压东移使渤海海域转为东北向大风时，渤海北部、中部和东部海域表层水在强劲的东北向大风作用下涌向莱州湾中—西部海域，使莱州湾西南部湾底处潮位迅速猛增，从而造成黄河三角洲沿海地区持续的大幅度增水和严重风暴潮灾害。只要此型天气出现，黄河三角洲沿海地区一般都会出现较严重的风暴潮灾害，至少也会出现中度灾害。

（二）横向冷高压天气的风暴潮及其灾害

横向冷高压天气影响时，尽管渤海各海域同样吹刮持续而强劲的东北向大风，但由于其影响之前的黄海海域同为东北向强风，无海水向渤海输入，故增水幅度较小。加之该型天气多发生在秋末—早春，适逢北方枯水和天文潮较低或最低期，只要不与天文大潮相遇，造成较重以上风暴潮灾害的机会不多。

二、热带系统风暴潮及其灾害

较强以上台风风暴潮和较重以上台风风暴潮灾害只出现在7、8、9三个月份。导致广利港最大增水≥150 cm、≥200 cm、≥250 cm的台风平均为2.5年、12年、25年出现一次，最大增水可达300 cm左右。

其台风路径主要是由长江口以北近陆海域或近海陆地上穿越山东半岛进入渤海或北黄海的台风，其次为由黄海中部转向东北方向或由苏中、鲁南地区登陆向东北向移动的台风。

台风风暴潮灾害是该地区在夏季的主要灾害类型。新中国成立以来，6005、7203、9216、9711等台风都曾给黄河三角洲沿海地区造成不同程度的灾害。

三、历次风暴潮潮水位

新中国成立以来，黄河三角洲地区共发生6次较大风暴潮灾害，6次风暴潮的最高潮位各地表现不一，而且真正实测到风暴潮最高潮位的站极少（仅羊角沟一站），大部分站的风暴潮最高潮位都是通过调查、测量风暴潮痕得到的，现将各处风暴潮最高潮位列入表10-1和表10-2。

表10-1　1964年、1969年风暴潮最高潮位统计（黄海高程）

站名	1964年4月风暴潮		1969年4月风暴潮	
	最高潮位（m）	发生时间（月－日）	最高潮位（m）	发生时间（月－日）
羊角沟	3.38	04－06	3.88	04－23
广北农场盐场	3.13	04－06	3.63	04－23
大汶流渔堡	2.04	04－05	2.47	04－23
湾湾沟渔堡	2.81	04－05	2.34	04－23
埕口	2.83	04－06	2.33	04－23

表 10-2　1980 年、1992 年风暴潮最高潮位统计(黄海高程)

站 名	1980 年 4 月风暴潮		1992 年 9 月风暴潮	
	最高潮位(m)	发生时间(月－日)	最高潮位(m)	发生时间(月－日)
羊角沟	3.15	04－05	3.59	09－01
广利港	—	—	3.59	09－01
垦利防潮闸	—	—	3.56	09－01
东营海港	—	—	3.22	09－01
刁口渔堡	—	—	3.50	09－01
沾化海防乡	—	—	3.37	09－01
东风港	1.88	04－05	2.76	09－01
埕 口	2.50	04－05	—	—

1997 年 8 月三角洲沿岸又发生风暴潮,羊角沟站 8 月 20 日出现最高潮位 2.58 m,东风港出现最高潮位 3.26 m。

第三节　风暴潮灾害损失

一、近代历史风暴潮灾

据地方志记载资料统计,明代至新中国成立前,黄河三角洲沿海地区曾出现较重或严重风暴潮灾害多达近 70 次,其中严重或特重风暴潮灾害达 20 余次。

二、新中国成立后风暴潮灾害及影响

据调查和有关文献资料统计,新中国成立后黄河三角洲地区平均每年发生 1.5 次轻度以上风暴潮灾害,其中较重或严重风暴潮灾害达 10 余次(如 1949 年、1958 年、1960 年、1964 年、1969 年、1972 年、1978 年、1980 年、1982 年、1992 年、1997 年风暴潮灾害),平均 3～4 年便出现一次。近百年来,该区特重风暴潮灾害的发生频率约 10 年一次,给沿海地区国民经济和人民生命财产造成了巨大损失。如 9216 号和 9711 号台风风暴潮,造成直接经济损失分别达 5 亿元和 13 亿元。

据调查和有关文献记载,新中国成立以来,黄河三角洲沿海地区较重或严重风暴潮灾害大多由台风引起,少数为北方温带系统引起。

黄河三角洲地势低平,新中国成立前,由于沿海地区很少有防潮措施,一般强度风暴潮都可使海水溢涨陆地纵深 20 km 以上,重者可溢涨纵深 40 km,甚者超过 60 km。但由于新中国成立前沿海陆地纵深数十公里皆为沼泽、荒滩地,人烟稀少,一般海溢 20 km 的风暴潮只是淹没荒地、溺毙少量人畜,直接经济损失较小。只有海溢 20 km 以上的强风暴潮方能造成淹没大量耕地和村庄、溺毙大量人畜等严重灾情。

新中国成立后，特别是20世纪70年代后期以来，随着胜利油田开发和其他经济建设的需要，各级政府和有关单位对沿海风暴潮灾害的防御越来越重视，不断采取加强风暴潮监视预报、修建防潮堤坝等防潮减灾措施，使淹没土地、毁船摧屋、溺毙人畜等灾害现象明显减轻。随着改革开放以来海岸带经济开发和建设项目迅猛发展，昔日荒芜的沿海地带和浅海海域不断被港口、码头、钻井平台、水产养殖场、盐场、工厂等经济企业所替代，潮灾造成的经济损失额数倍于70年代前，并呈逐年增加趋势，特别是当特强风暴潮袭击时更是如此。新中国成立后风暴潮灾害统计见表10-3。

表10-3　新中国成立后风暴潮灾害年统计

年份	灾　　情
1949	广饶县志:7月3日，海潮侵入40 km以上
1958	广饶县志:5月8日，大海潮，参加修防潮堤的民工11人被淹死
1960	垦利县志:4月下旬，东北风10级，引起风暴潮，淹死多人
1964	东营市志:4月4日，东南风4~5级，持续至5日转东北大风，8时许，风力增至8级以上，持续30.32 h。4月5日晨，潮水起涨。6日晨，黄河三角洲出现高潮位，淹及范围一般距海岸线22~27 km，浸淹至黄海平均海水面以上2.5~3.5 m。 广饶县志:5月，大海潮，广饶盐场467 km^2 盐田损失20多万元；广北农场和马头公社北部也受海潮侵袭。 垦利县志:4月5~6日，大海潮持续两天一夜，人畜、财产损失严重。 利津县志:4月5日，东北风10级以上，大潮两天一夜不落，侵入内地百余里，水位高达5.2 m，刁口渔民被淹死16人，倒房78间，财产损失折款10多万元
1969	东营市志:4月21日晚，东南风5~6级持续一天多。23日转东北大风5~6级，降大雨，持续至中午雨停而风力骤增至9级以上，风速35 m/s。23日晨，潮水起涨。24日2时黄河三角洲出现高潮位。羊角沟潮位在黄海水面上达到3.75 m，羊口镇内大部上水，街上海水至膝，深者齐腰，潮水沿小清河上溯至石村，沿支脉沟上溯至陈官庄以西，沿广利河上溯至沙营，沿宋春荣沟上溯至王家，沿清水沟上溯至人工引河2 km。宋春荣沟至支脉沟防潮堤多处溃决，大小缺口20余处。清水沟至宋春荣沟防潮堤冲决25处
1972	垦利县志:7月26日，大海潮，在沿海割绵柳的数百人被围困。 利津县志:7月26日，大海潮，大风9~11级，潮水持续9 h，刁口渔堡被淹，倒房87间，财产损失达27.3万元，抢救及时，无人员伤亡
1978	垦利县志:3月27日，在孤岛地区割苇子的人有伤亡
1980	广饶县志:4月5日，大风8~9级，阵风10级，致使海水猛涨，持续达20 h，防潮坝有12处决口，盐场损失128万元，渔民损失6.5万元
1982	垦利县志:11月9~10日，大潮持续一天一夜，渔民财产损失严重，但无人员死亡 利津县志:11月9~10日，大风和暴雨，大海潮，持续21 h，直接经济损失计31万元，抢救及时无人员伤亡

续表 10-3

年份	灾　情
1992	东营市志:9 月 1 日,东营沿海遭受特大风暴潮袭击,最高潮位 3.5 m,沿海阵风 10 级以上,海水入侵内陆 10~20 km,造成 13 人死亡、500 多人被海水围困,很多生产、生活设施被毁,地方和油田直接经济损失 5 亿多元
1997	东营市水利局统计:8 月 19 日,9711 号台风风暴潮袭击东营市,沿海被海水淹没面积达 1 417 km^2,河口区和利津县 61 个村庄 1.2 万户农户进水,6 000 人被水围困,死亡 6 人,冲坏防潮堤 60 km,损坏房屋 32 450 间,倒塌房屋 9 436 间;刮倒通讯、供电线杆 3 575 根,冲坏公路 145 km,冲毁桥、涵闸 1 259 座;农作物受灾面积 10.90 万 hm^2,冲毁虾蟹池 0.56 万 hm^2,损坏渔船 158 艘,网具 1 230 件;冲毁盐田 1.09 万 hm^2。直接经济损失高达 7 亿元,其中油田工业损失 5.2 亿元

三、9216、9711 号台风风暴潮简介

1992 年 8 月 31 日~9 月 1 日,50 年未遇的 16 号特大强热带风暴潮(亦称大海啸)袭击了黄河口沿海地区。这次风暴潮最大风速 28~30 m/s,最高潮位 3.5 m,浪高 2.5~3 m,水位以每小时 0.521 m 速度上涨,并伴随中到大雨。狂风、巨浪、大雨同时袭击沿海各油田。一度造成孤东、桩西、河口、清河 4 个采油厂被淹,10 km 海堤挡浪墙全部坍塌,50 km 海堤被冲毁,大小决口 17 处。特别是大王北油田刚刚合龙一天的一号潮沟海堤被整个冲垮。胜利石油管理局和有关二级单位领导立即奔赴抗灾前线,组织广大职工和民工投入抗灾抢险工作。正在大王北海堤现场指挥施工的油建三公司副经理李智文、工程一大队大队长张根帮,带领 10 名职工和 35 名民工,战斗在一号潮沟海堤中心 20 多 m 最危险的地段,因堤坝坍塌,被巨浪卷入海中,虽经多方营救,但终因潮猛浪急,共产党员、副经理李智文,共产党员、大队长张根帮,共产党员、助理工程师薛志明,共产党员、工人张波,共青团员、劳务工姚玉龙等 5 名职工和 16 名民工献出了宝贵的生命。

16 号强热带风暴潮给海堤工程造成严重损失。据统计,破坏沿海围堤 71.7 km,永久防护结构的海堤严重破坏 39.98 km,直接经济损失 2 亿多元。1992 年冬季,胜利石油管理局开始实施被毁海堤的修复工程。经过对海堤破坏情况的调查,有针对性地确定了海堤的修复标准,同时借鉴浙、闽、沪海堤建设的经验,选取典型设计断面进行风浪模型试验。在海堤修复施工中,采用高压旋喷灌浆法施工两层平台截渗墙等新工艺、新技术,投资省,进度快,减少了堤坡渗流,增强了大堤的稳定性。

1997 年 8 月 19 日,9711 号台风风暴潮袭击东营市,羊角沟潮水位 2.58 m。黄河三角洲沿海被海水淹没面积达 1 417 km^2,河口区和利津县 61 个村庄 1.2 万户农户进水,6 000 人被水围困,死亡 6 人,冲坏防潮堤 60 km,损坏房屋 32 450 间,倒塌房屋 9 436 间,刮倒通讯、供电线杆 3 575 根,冲坏公路 145 km,冲毁桥、涵闸 1 259 座;农作物受灾面积 10.90 万 hm^2,冲毁虾蟹池 0.56 万 hm^2,损坏渔船 158 艘,网具 1 230 件;冲毁盐田 1.09 万 hm^2。直接经济损失高达 7 亿元,其中油田工业损失 5.2 亿元。

由于近年来黄河来水来沙量逐年减少，使得胜利油田海岸线蚀退日益加剧，海堤堤前水深加大，风浪作用增强，使漫水路及人工岛基础裸露，防护工程的安全受到严重威胁。同时，滩地蚀退下降使海堤抵御风浪能力下降。原设计50年一遇标准的海堤，现在20年一遇的设计控制高水位(2.7 m)时，就有溃堤的可能性。因此，还需要进一步完善、创建适合有效的防护工程，应以现有的防潮堤为基础，从海岸侵蚀机制入手，探索一种能削弱波浪动力、减少潮流输沙、降低近岸泥沙亏损的工程设施，新、老工程组合，方能形成有效的海岸防护工程体系。

对现有的防潮堤应从提高防御等级入手，加固堤坝基础，加大护坡力度，加高堤面高程，建造离岸堤、前堤等切实有效的消浪设施，在强潮流逼岸堤段，添筑丁坝或丁坝群，用其挑流效应，减少堤前泥沙亏损。

油田正在积极努力采取相应的海堤加固措施，为胜利滩海油田的勘探开发及人民生活提供安全保障。

第四节　风暴潮调查的内容

风暴潮具有很强的破坏力，在河口治理和流路规划过程中必须考虑该因素的影响，同时风暴增水，使大面积的陆地被海水入侵，对生态环境的影响也较大。因此，本次风暴潮过后，立即开展一次风暴潮调查，收集黄河三角洲地区的风暴潮资料，对河口治理和三角洲生态环境具有重要意义。

一、调查研究内容

由于风暴潮具有不可重复性，加上其较大的破坏性，因此在风暴潮的发生期间很难收集到需要的观测数据，只能等风暴过后去现场及有关单位进行调查和收集。调查的内容如下：

(1)风暴潮前及期间的气象调查。向气象部门收集这方面的资料。

(2)风暴潮期间的海洋水调查。主要包括潮汐、波浪等要素。这方面的数据主要到海洋观测站收集。因为一般的海洋观测站都有自动观测潮汐、波浪的仪器，其能观测到风暴潮期间潮汐、波浪数据。

(3)开展对洪水痕迹的调查。搞清最高潮水位、淹没面积、潮水消长过程。这些工作主要是到风暴潮影响的现场去调查，调查使用的设备主要是测绘仪器。用仪器测绘风暴潮的洪水痕迹线，然后展绘到较新的地形图上，量算洪水淹没面积，估算风暴增水的高程。

二、资料分析

根据收集的调查资料，开展相关的资料分析工作。

(一)气象资料的分析

气象条件是引起风暴潮的决定因素，因此分析风暴潮发生前及发生时的气象资料尤其重要。

（二）潮汐、波浪资料分析

风暴发生时的潮汐变化较大，潮汐性质也会发生根本的变化，因此分析风暴潮过程中的潮汐变化过程对研究风暴潮意义重大。

波浪是风暴潮的一个表现特征。风暴潮期间，波浪能量对河口地形及河口的防洪工程造成重大的破坏。波浪资料可以为河口治理提供重要的参考。

（三）风暴增水过程分析

根据测绘资料，分析计算风暴增水的淹没面积及对淹没区损失进行估计。同时根据测绘的潮痕高程，可计算风暴增水的高度，与潮位站观测的潮位资料相互验证。

第十一章　黄河河口段挖河固堤测验

近十几年来,黄河下游来水偏枯,河道沿程淤积发展迅速,河口河段也由汛期的冲刷转为淤积。主河槽淤积严重,河道萎缩,排洪能力降低,漫滩机遇增多,从而加大了防洪压力。根据资料分析,小浪底水库投入运用后,在一般情况下,通过小浪底水库的调节运用,水流进入利津以下河道的流量将进一步减小,在河口流路不出现重大改道摆动的前提下,尾闾河段还将继续淤积,从而对利津以上河道也将带来不利影响。为了减缓河口河道淤积发展形势,以利下游河道的防洪安全,黄河水利委员会山东黄河河务局分别于1997年和2001年实施了挖河固堤试验工程。由于2001年实施的挖河固堤试验工程是1999年上报的项目,所以仍称1999年挖河固堤试验工程。山东水文水资源局承担了两次挖河固堤试验工程的水文原型观测任务。

挖河固堤试验工程的水文原型观测任务是在挖河段布设一定数量的河道断面进行定期测量、对利津水文站和丁字路口临时水文站的基本水文测验任务进行监测、在挖河段布设适用的水位站进行水位观测。

第一节　1997年挖河固堤试验工程原型观测

黄河是世界著名的多泥沙河流,多年来由于泥沙淤积使得下游河床不断抬高。只有在主河槽挖沙,才能够产生较为明显的、直接的减淤作用。为此,1997年冬天,山东黄河河务局在黄河口附近窄河段——朱家屋子至清6断面,开始进行挖河固堤启动工程试验研究,为了研究挖河固堤启动工程对黄河下游防洪减淤的作用和效果,根据黄河水利委员会山东黄河河务局鲁黄工发[1998]9号文《关于对该项工程进行原型观测的要求》,山东水文水资源局承担了挖河固堤启动工程项目中的断面冲淤观测、利津站以下的水文观测、水位观测及床沙观测等四个项目,该项工作自1997年底开始,已经按照工作大纲要求,进行了大量的观测工作。

一、测验情况

(一)河道大断面测量

根据原型观测试验工作大纲要求及水文测验规范规定,在挖河固堤启动工程施工河段及其上下游河段进行断面冲淤观测研究,从利津至清6之间平均5.2 km设置一个河道冲淤观测断面,断面间距最长的11.92 km,最短的只有1.19 km,共设置15个河道断面进行观测。该工作首先进行了挖河固堤试验开工前的本底测验。为保证测验精度,于1998年2月对河道测验设施进行了整顿,在挖河启动工程施工期间和工程结束以后,我们根据工程进展和上游水沙变化情况以及上级的要求,精心布置测次,认真执行规范,保证了测验资料的数量和质量。

据初步统计，这项工作从1997年开始，至1998年10月，已经进行了河道大断面冲淤变化观测10次，总计127断面次，同时，测验时在每断面上取河床质作颗粒分析。

(二)基本水文测验

在基本水文测验及水位观测方面，除原有利津水文站和一号坝、西河口水位站外，新设了朱家屋子、丁字路口两处水文站及渔洼水位站。根据山东黄河挖河固堤启动工程原型观测试验研究项目要求，利津、朱家屋子、丁字路口三站进行了水文泥沙测验、水位观测等项目。1998年2~10月利津、朱家屋子、丁字路口三站共计施测流量277次、输沙率52次、单样含沙量736个、水位3 518次。测验期间，各项水文因子的观测，均满足了挖河固堤任务书的要求，较好地控制了水位、流量、含沙量和泥沙颗粒级配等的变化过程，满足了水位—流量相关关系和单—断沙相关关系曲线的定线要求及各种水文特征值的推求需求。

二、利津站来水来沙特征

(一)多年水、沙特征

根据黄河口水沙控制站利津水文站实测系列资料统计，其水、沙特性列入表11-1，同时图11-1、图11-2绘出了利津站逐年径流量、输沙量过程。从中可以看出：

表11-1　利津站水沙特性统计

项目	时段			
	神仙沟 1953年7月~ 1963年12月	刁口河 1964年1月~ 1976年5月	清水沟 1976年6月~ 1997年12月	历年统计 1950年~ 1997年12月
来水总量(亿m^3)	5 050.4	5 180.7	5 318.8	17 021.4
来沙总量(亿t)	130.8	134.96	133.3	427.92
年平均水量(亿m^3)	471	424	242	355
年平均沙量(亿t)	12.4	10.8	6.06	8.91
年平均含沙量(kg/m^3)	26.2	25.6	25.0	25.2
年最大水量(亿m^3)	612(1963)	973(1964)	491(1983)	973(1964)
年最大沙量(亿t)	21.0(1958)	20.9(1976)	11.5(1981)	21.0(1958)
年最小水量(亿m^3)	91.5(1960)	22.3(1972)	18.6(1997)	18.6(1997)
年最小沙量(亿t)	2.42	4.08	0.16	0.16
汛期水量占全年(%)	62.5	57.6	65.0	61.1
汛期沙量占全年(%)	85.0	80.8	89.7	84.6

1950~1997年的48年间，利津站年均径流量为354.6亿m^3，年均输沙量为8.91亿t。来水来沙有如下特点：

(1)来水来沙主要集中在汛期，其中以来沙量最为明显。1950年以来，利津站年均汛期径流量为 216.8 亿 m^3,占全年水量的 61.1%;年均汛期输沙量为 7.54 亿 t,占全年沙量的 84.6%。

(2)年际间来水来沙极不均匀,最大水、沙量与最小水、沙量相差悬殊。最大年径流量为 973.1 亿 m^3,发生在 1964 年;最大年输沙量为 21.0 亿 t,发生在 1958 年。1997 年利津站水沙量同时创出历史最低,全年径流量只有 18.61 亿 m^3,输沙量只有 0.16 亿 t。

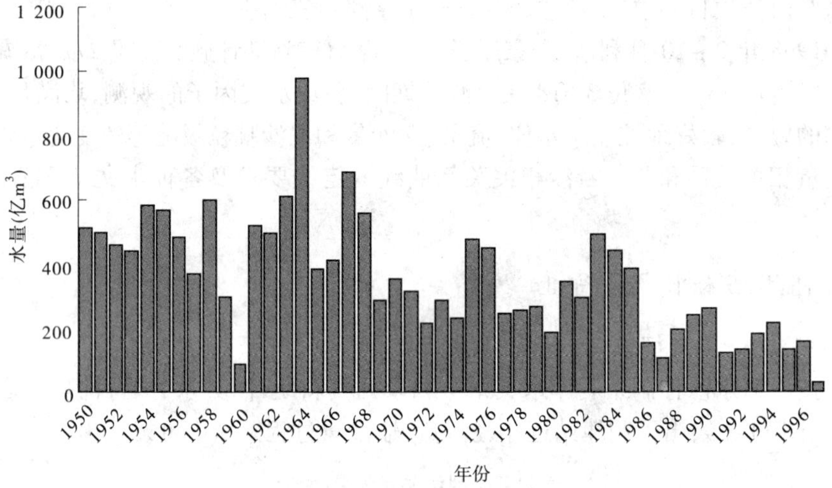

图 11-1　利津站逐年径流量过程

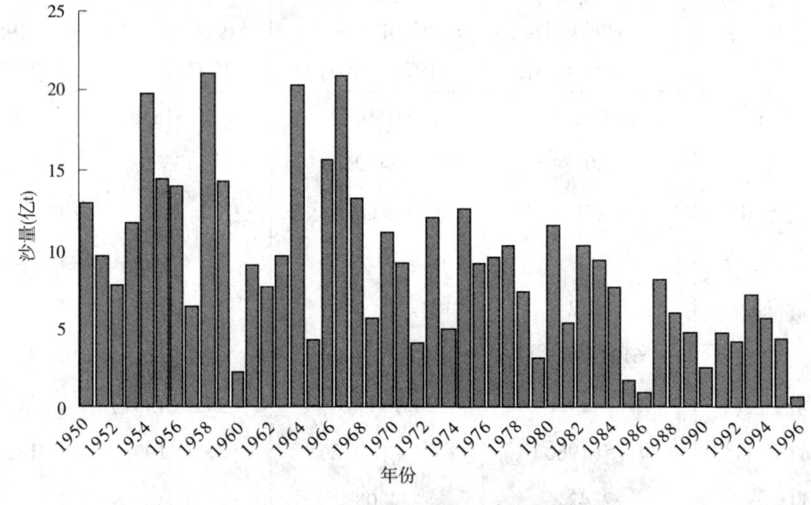

图 11-2　利津站逐年输沙量过程

(3)1950 年以来,进入河口的水沙量具有明显减少趋势。从利津站不同年代输沙量水量变化图(见图 11-3、图 11-4)进一步看出,这种减少趋势非常明显,每隔 10 年都要下降一个台阶,特别是 20 世纪 80 年代以后这种减少趋势愈加明显。

(4)表 11-2 是利津站悬移质泥沙颗粒组成变化。从中可以看出,进入河口的泥沙以粒径小于 0.025 mm 的细颗粒泥沙为主;随着进入河口泥沙数量的减少,泥沙的组成有粗

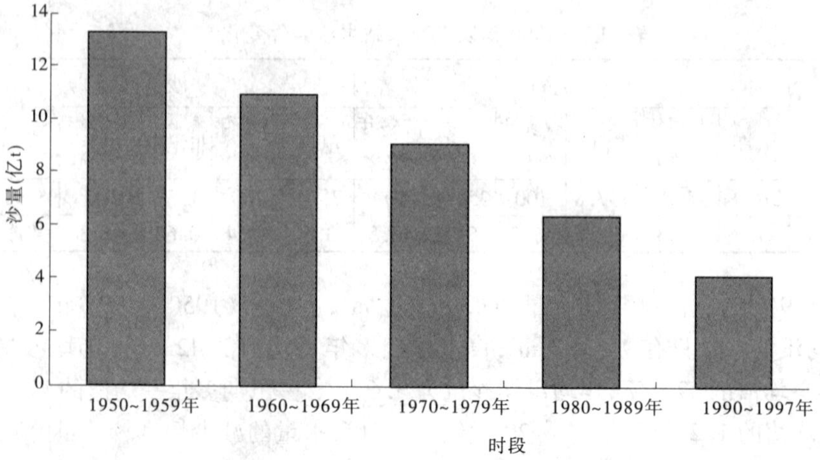

图 11-3　利津站不同年代输沙量变化过程

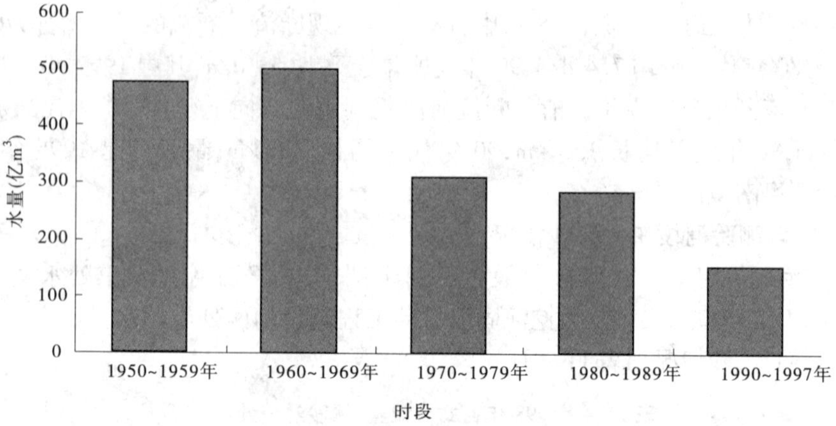

图 11-4　利津站不同年代来水量变化过程

化趋势，这种粗化趋势主要表现在三门峡水库1964年以后的综合运用时期，其中1976年河口改走清水沟流路以来粗颗粒泥沙所占比例最大。

表 11-2　利津站悬移质泥沙颗粒组成变化

时段(年－月)	年均输沙量(亿t)	<0.025 mm		≥0.025 mm	
		沙量(亿t)	占总量(%)	沙量(亿t)	占总量(%)
1953－07～1963－12	11.85	7.96	67.2	3.89	32.8
1964－01～1976－06	11.2	6.42	57.3	4.77	42.7
1976－07～1997－12	6.06	3.4	56.1	2.66	43.9
1953－07～1997－12	8.83	5.31	60.1	3.52	39.9

(二)利津站20世纪90年代水、沙特点

1990年以来，由于上游水利工程运用、沿黄工农业生产发展而增加引水量等因素影响，利津站连续出现枯水、枯沙系列。1990年以来利津站水沙变化见表11-3。

表 11-3　1990 年以来利津站水沙条件变化

时段	水量(亿 m^3)						沙量(亿 t)					
	汛期	占多年(%)	非汛期	占多年(%)	全年	占多年(%)	汛期	占多年(%)	非汛期	占多年(%)	全年	占多年(%)
1950～1997 年	216.8	100	137.8	100	354.6	100	7.54	100	1.37	100	8.91	100
1990～1997 年	91.8	42.3	62.3	45.2	154.1	43.5	3.6	47.4	0.62	45.3	4.2	47.1

1990～1997 年,利津站年均水量为 154.1 亿 m^3,占多年(1950～1997 年)平均值的 43.5%;年均汛期水量只有 91.8 亿 m^3,仅占汛期多年平均值的 42.3%;年均沙量为 4.2 亿 t,占多年平均值的 47.1%;年均汛期沙量为 3.6 亿 t,占汛期多年平均值的 47.4%。均不足多年平均值的 1/2。可见,进入 20 世纪 90 年代,水量的减少幅度较沙量的减少幅度尤甚,特别是汛期表现尤为明显。

进入 20 世纪 90 年代,河口断流现象日趋严重。利津站 70 年代发生断流 6 年,80 年代发生 7 年,90 年代几乎年年断流,8 年中就有 7 年出现断流。断流的时间增加,70 年代为平均 7 d/a,80 年代为平均 7.4 d/a,90 年代剧增至平均 53 d/a,其中 1997 年断流天数达到 226 d。断流开始日期逐年提前。断流河段范围由河口向上延伸,70 年代断流河段平均长 130 km,80 年代平均长 150 km,90 年代平均长 300 km;最长的是 1995 年,将近 700 km,上延至河南境内。

(三)1998 年测验河段来水来沙情况

为配合挖河固堤启动工程实施,共设置了利津、朱家屋子、丁字路口三处水文站。其中朱家屋子和丁字路口水文站是为挖河固堤启动工程新设的两处专用水文站,1998 年三个水文站实测的水、沙情况如表 11-4 所示。

表 11-4　1998 年各站径流量、输沙量统计

项目	站名	时间									合计
		2 月	3 月	4 月	5 月	6 月	7 月	8 月	9 月	10 月	
径流量	利津	0.091 8	0.763 7	2.266	0.458 9	10.82	22.94	41.95	17.56	—	96.85
	朱家屋子	0.045 3	0.289 9	0.791 2	—	9.547	23.17	40.40	16.54	—	90.78
	丁字路口	—	—	0.408 9	—	9.639	22.81	40.78	16.03	—	89.67
输沙量	利津	0.000 14	0.004 3	0.013 8	0.000 9	0.257	1.26	1.57	0.637	—	3.74
	朱家屋子	0.000 06	0.001 2	0.003 7	—	0.174	1.19	1.60	0.60	—	3.57
	丁字路口	—	—	0.001 1	—	0.157	1.28	1.60	0.654	—	3.69

1. 利津站水、沙情况

1998 年利津站自 2 月 26 日第一次恢复过流,至 6 月 28 日(期间多次断流,共断流 11 次,断流 102 d)累计来水 14.33 亿 m^3,输沙量 0.274 亿 t,最大流量 1 100 m^3/s,最大含沙量 46.3 kg/m^3。其中 2 月份至 6 月 20 日来水 13.54 亿 m^3,输沙量 0.27 亿 t;6 月 21～28 日来水 0.79 亿 m^3,输沙量 0.004 亿 t;28 日以后再次断流。至 7 月 13 日,利津站又开始

过流，此次过流一直延续至9月25日，这期间：7月份水量为23.01亿m^3，沙量为1.233亿t；8月份水量为41.95亿m^3，沙量为1.57亿t；9月份水量为17.56亿m^3，沙量为0.637亿t。1998年黄河第一号洪峰于7月22日进入河口地区，利津站洪峰流量为2 480 m^3/s，相应水位为13.53 m，5 d洪量为9.26亿m^3，沙量为0.57亿t，但1998年最大流量发生在8月29日，最大流量为3 220 m^3/s。自1998年第一次过流至9月25日断流，共来水96.85亿m^3，来沙3.714亿t。

2. 朱家屋子站水、沙情况

1998年朱家屋子站来水来沙情况与利津站相似，为配合挖河固堤启动工程施工需要，于4月23日在朱家屋子断面下约300 m处修筑了截流坝，直至6月6日挖河工程结束后被破除。朱家屋子水文站2月27日开始第一次过流，至6月28日断流，总计来水10.55亿m^3、来沙0.179亿t。其中朱家屋子拦河坝自6月6日破除后至6月20日，该站径流量为8.40亿m^3，输沙量0.168亿t，分别占2月27日~6月28日径流量和输沙量的79.6%和93.9%。7月13日再次恢复过流后，朱家屋子站7月份水量为23.0亿m^3，沙量为1.2亿t；8月份水量为41亿m^3，沙量为1.6亿t；9月份水量为16.54亿m^3，沙量为0.6亿t。2~9月份一共来水91.09亿m^3，来沙3.57亿t。

3. 丁字路口站水、沙情况

丁字路口站断面以下50 m亦修有拦河坝，自1997年冬季以来，断面以上3~4 km蓄水形成水库。4月3日23:30拦河坝南端导流渠开始过水，至4月23日上游朱家屋子断面筑成拦河坝，期间总过水量0.409亿m^3，输沙量0.001亿t。6月6日两拦河坝破除后，丁字路口站开始正常过水，至6月29日断流，过水量9.64亿m^3，输沙量0.157亿t。7月13日恢复过流后，7月份水量为22.93亿m^3，沙量为1.2亿t；8月份水量为40.8亿m^3，沙量为1.6亿t；9月份水量为16.03亿m^3，沙量为0.654亿t。2~9月份总共来水89.81亿m^3、来沙3.612亿t。

（四）各站水沙平衡对照

测验期间，利津站、朱家屋子站和丁字路口站水位、流量、含沙量控制过程相应较好，三站对照，水、沙过程合理，峰谷相应。

2月~6月6日朱家屋子和丁字路口两拦河坝未破除前，由于利津站过水量较小，加上区间引水和挖河固堤工程用水，使得丁字路口基本未过流，只是在4月份从丁字路口拦河坝右岸导流渠中有一部分水流过，6月6日两拦河坝破除后，朱家屋子和丁字路口恢复过流。利津站、朱家屋子站和丁字路口站水沙量对照基本合理，若考虑区间引水，水沙量的平衡结果会更好。

（五）水文要素规律的变化

1. 水位—流量关系的变化

从实测资料看，利津站、朱家屋子站和丁字路口站水位—流量关系符合一般的水文规律，即在低水时水位—流量关系点子比较集中，关系曲线的左右摆动幅度较小。在中、高水时期水位—流量关系受洪水涨落的影响，出现了涨淤落冲的顺时针关系，特别指出的是，由于挖河固堤工程的实施，使利津站比降由6月7日的0.9‰增加到8月29日的1.8‰，从而使利津以下河道冲刷加剧，流量下泄顺畅，反映在水位—流量关系线上则出现了高水段类似“鸭嘴”形。在落水段，河道经过洪水的冲刷，行洪能力加强，使得同水位下流量较涨水段增加较多，涨落水支线相距较远。由于施工段位于利津和朱家屋子以下，因此利津站和朱家屋子站涨落水支线间距比丁字路口站变化大。

2. 比降的变化

“挖河固堤”试验工程结束后，利津站在6月7日、9日、11日连续3次进行了比降观测，结果分别为0.9‰、1.1‰、1.5‰。这说明，“挖河固堤”工程的实施，部分降低了河床，人为地改变了河道形态，使利津站比降增大，从而使水流挟沙能力增强，河床冲刷加剧。

三、测验河段水位变化情况

（一）1990年以来利津以下各站同流量水位变化情况

1990年以来，由于利津站连续出现枯水、枯沙系列，至1996年清8出汉以前，致使利津以下河道逐年淤积，同流量水位逐年抬高，具体情况见表11-5～表11-8。

表11-5 利津（三）站1990年以来同流量水位 （单位：m）

时间（年－月）	流量（m^3/s）		
	1 000	2 000	3 000
1990	11.91	12.65	13.11
1991	12.11	12.74	13.30
1992	12.38	13.00	13.40
1993	12.53	13.32	13.88
1994	12.65	13.29	14.01
1995	12.91	13.44	14.26
1996－07～08	12.75	13.45	14.11
1996－09～10	12.51	13.11	13.66
1997	12.50	13.10	13.51
1998	12.32	13.12	13.82

表11-6 一号坝站1990年以来同流量水位 （单位：m）

时间（年－月）	流量（m^3/s）		
	1 000	2 000	3 000
1990	9.61	10.16	10.63
1991	9.67	10.23	10.75
1992	9.90	10.39	10.83
1993	10.20	10.85	11.30
1994	10.20	10.74	11.43
1995	10.31	10.94	11.60
1996－07～08	10.16	10.87	11.54
1996－09～10	9.85	10.47	11.07
1997	—	—	—
1998	9.80	10.50	11.10

表 11-7　西河口站 1990 年以来同流量水位

时间（年－月）	流量(m^3/s)		
	1 000	2 000	3 000
1990	7.60	8.28	8.85
1991	7.76	8.27	8.87
1992	7.97	8.53	9.04
1993	8.16	8.93	9.62
1994	8.24	8.95	9.62
1995	8.37	9.03	9.64
1996－07～08	8.23	8.98	9.66
1996－09～10	7.64	8.42	9.17
1997	—	—	—
1998	7.50	8.40	9.15

表 11-8　丁字路口站 1990 年以来同流量下水位

年 份	流量(m^3/s)		
	1 000	2 000	3 000
1990	—	—	—
1991	5.29	5.32	5.63
1992	5.48	5.62	5.73
1993	5.63	5.95	6.20
1994	5.43	5.74	6.14
1995	5.73	6.04	6.30
1996	4.86	5.72	6.10
1997	—	—	—
1998	4.18	4.75	5.35

同流量下水位变化既是上游来水来沙条件的反映也是断面边界条件及河口段河道情况的反映。1990～1995 年利津及其以下各站同流量水位均呈逐年上升趋势，相应于1 000 m^3/s流量的水位，利津、一号坝、西河口、丁字路口站年均分别上升 0.17 m、0.12 m、0.13 m、0.09 m，相应于 2 000 m^3/s 流量的水位年均分别上升 0.13 m、0.13 m、0.13 m、0.12 m，相应于 3 000 m^3/s 流量的水位年均分别上升 0.19 m、0.16 m、0.13 m、0.13 m。可以看出，由于 1990 年以后枯水、枯沙系列造成的河道萎缩，使河道主槽过洪能力降低，流量愈大的同流量水位上升幅度愈明显。而 1996 年利津站出现了近几年有利于河道冲刷的较好水沙条件，再加上在河口实施的清 8 出汊工程，缩短入海流程 16 km，河口河段

出现了溯源冲刷,1996 年利津站及其以下各站各级同流量水位均呈现下降趋势,特别是接近汛后(9 ~10 月)相应于 1 000 m^3/s 流量的水位,利津、一号坝、西河口、丁字路口站年均分别较 1995 年下降 0.40 m、0.46 m、0.73 m、0.68 m,相应于 2 000 m^3/s 流量的水位分别较 1995 年下降 0.33 m、0.47 m、0.61 m、0.97 m,相应于 3 000 m^3/s 流量的水位分别较 1995 年下降 0.60 m、0.53 m、0.47 m、0.75 m。而至 1998 年,利津以下各站除了 1 000 m^3/s 流量的水位还普遍有所下降外,2 000 m^3/s 流量、3 000 m^3/s 流量的水位利津站至一号坝站开始缓慢抬升,西河口以下还继续保持下降,其中丁字路口站的各流量级水位下降幅度最为明显。

(二)朱家屋子拦河坝对上游水位的影响

朱家屋子拦河坝于 1998 年 4 月 23 日建成蓄水。此前,一号坝站、朱家屋子站断流水位分别为 7.64 m 和 6.84 m;利津站 4 月 21 日开始过流后,至 25 日又断流,来水量 0.23 亿 m^3。这期间至 4 月 23 日 8 时朱家屋子站水位上涨至 8.82 m,比断流水位上涨 1.98 m;一号坝站水位上涨至 8.81 m,比断流水位上涨 1.17 m,说明拦河坝阻水此时已影响至一号坝水位站。拦河坝破除前,一号坝站和朱家屋子站的最高水位分别为 9.50 m 和 9.51 m,两最高水位连线上延与河道的交点在王家庄断面与东张断面之间,距利津站 13.5 km,大致推断拦河坝对上游影响至该处。

(三)拦河坝破除前后水位变化

1. 拦河坝破除前后水位

挖河工程结束后,朱家屋子拦河坝于 6 月 6 日被破除,利津站 6 月 6 日至 6 月 19 日最高水位 12.61 m、相应流量 745 m^3/s,随后流量增大至 1 100 m^3/s、相应水位为 12.52 m。朱家屋子站最高水位为 8.75 m,相应流量 735 m^3/s,随后流量增大至 955 m^3/s、相应水位还是 8.75 m。从以上可以看出,挖沙固堤启动工程在朱家屋子站拦河坝破除、挖沙河段恢复过流后,挖沙河段以上水位下降趋势比较明显。

朱家屋子拦河坝 6 月 6 日 15 时破坝,破坝前 6 月 6 日 8 时水位 8.27 m,15 时水位 8.26 m,20 时水位 6.42 m,并开始持平,5 h 水位降低 1.84 m,这就是说经过 5 h 泄水,才将存于截流坝以上的存水泄空。21 时上游来水水头到达,水位开始升高,7 日零时水位 7.13 m,11 时水位 8.02 m 开始持平,维持 2 h 后,随流量增大水位上升。朱家屋子站恢复正常过流水平。这一段时间的水位变化说明了破除朱家屋子截流坝的时机掌握得十分正确。

2. 朱家屋子站破坝后流量变化情况

6 月 6 日 15 时朱家屋子拦河坝开始破除,起初破口约 30 m,过水较少;17:35 施测流量 80 m^3/s ,最大流速 0.98 m/s;17:50 施测流量 139 m^3/s ,最大流速 4.70 m/s。6 月 7 日 9时施测流量 592 m^3/s,平均流速 1.64 m/s,最大流速 2.74 m/s。

(四)水位变化情况

1. 汛前水位变化

朱家屋子站仅有 1998 年流量资料,选取利津站和丁字路口站 1996 年和 1998 年汛前实测的水位—流量资料进行对比,可以看出:1998 年汛前两站同流量水位均呈下降趋势,利津站相应于 900 m^3/s 流量的水位 1996 年为 12.66 m、1998 年为 12.54 m,下降了

0.12 m；丁字路口站相应于 700 m^3/s 的水位 1996 年为 4.56 m、1998 年为 4.11 m，下降了 0.54 m。可以看出挖河结束并破除朱家屋子截流坝后，挖河河段及其上下游河段同流量水位均有不同程度的降低，并且愈向下游同流量水位下降愈明显。

2.1998 年一号洪峰水位变化

1998 年黄河第一号洪峰于 7 月通过河口地区。根据"98·7"洪水水情分析，受 1996 年河口地区人工改汊及 1998 年河口挖沙共同影响，利津站水位表现较低，2 500 m^3/s 水位和 3 000 m^3/s 水位分别为 13.52 m、13.82 m，2 500 m^3/s 水位与"96·8"洪水相比，偏低0.30 m；3 000 m^3/s 水位与"96·8"洪水相比，偏低 0.47 m。丁字路口站水位降低更加明显，2 500 m^3/s水位为 5.24 m，与"96·8"洪水相比偏低 0.60 m。

3. 同流量水位变化

各站 1 000 m^3/s 流量水位在挖河结束后一个月内均有不同程度的降低，其中降低程度最明显的为挖河河段内的渔洼水位站和挖河河段下游的西河口水位站：渔洼水位站降低 0.28 m，西河口水位站降低 0.44 m。虽然离挖河河段较远的利津站和丁字路口站水位降低的幅度较小，但仍说明挖河工程降低同流量水位的作用能影响到该处。8 月份以后，由于挖河河段回淤的影响，挖河河段水位开始抬升，其上下游河段虽继续下降，但下降幅度已减小很多。2 000 m^3/s 流量水位的变化与 1 000 m^3/s 流量水位的变化相似，8 月份利津站及其以下各站水位均较 7 月份有不同程度的降低，降低幅度最大的是利津站，降低了 0.21 m，降低的幅度上大下小。9 月份以后，同样由于挖河河段回淤的影响，水位开始抬升，但挖河河段以下由于发生冲刷，同流量水位继续降低。

以上分析可以看出，"挖河固堤启动工程"的实施降低了挖河河段河床，并使上下游河段发生冲刷，在一定时间内起到了降低同流量水位的作用。水位变化的趋势是：挖河结束后，同流量水位降低，然后随着挖河河段的回淤而逐渐抬升或者减小水位降低幅度，这与后面所述的各河段冲淤变化如出一辙。

第二节　1999 年挖河固堤试验工程原型观测

一、工程缘由

近十几年来，黄河下游来水偏枯，河道沿程淤积发展迅速，河口河段也由汛期的冲刷转为淤积。由于主河槽淤积严重，河道萎缩，排洪能力降低，因此漫滩机遇增多，使防洪压力加大。据有关资料分析，小浪底水库投入运用后，在一般情况下，通过小浪底水库的调节运用，水流进入利津以下河道的流量将进一步减小，在河口流路不出现重大改道摆动的前提下，尾闾河段还将继续淤积，从而对利津以上河道也将带来不利影响。为了减缓河口河道淤积发展形势，以利下游河道的防洪安全，2001 年 2 月经国家计委和水利部批准实施了本次挖河固堤试验工程。

二、主要设计指标

本次实施的挖河固堤试验工程位于黄河下游东营市垦利县、利津县境内，上起义和险工，下至清3断面，涉及河道长度41 km，其中：义和险工至朱家屋子长9.7 km河段为挖河段；CS6断面至清3断面长20.4 km河段为间断疏通段，间断疏通5段长9.16 km；朱家屋子至CS6断面长10.9 km河段为1997～1998年挖河固堤启动工程挖河段，本次未进行开挖疏通。开挖河段开挖边坡1∶5，断面底宽150 m，挖深1.6～1.8 m，纵比降为1/10 000；疏通河段开挖边坡1∶5，断面底宽60 m，挖深0.6～1.9 m，纵比降为1/10 000。

三、工程实施情况

此次挖河固堤工程原设计施工条件为黄河动水中的挖泥船开挖疏浚，但由于黄河来水较小，挖泥船的施工条件难以保证，因此实际施工中采用了挖泥船开挖与组合泥浆泵开挖两种施工方法。工程于2001年10月1日正式开工，至2002年4月30日，挖河固堤主体挖河疏浚任务全面完成，开挖及疏通河道总长度18.86 km，固堤总长度8 008 m，完成开挖土方349.56万 m^3，其中义和至朱家屋子挖沙河段开挖土方258.46万 m^3，朱家屋子至清3疏通河段开挖土方91.09万 m^3。2002年7月28日，挖河工程通过了黄委会和山东黄河河务局组织的阶段验收。

四、项目观测目的及内容

水文原型观测的目的主要是通过对挖河固堤水文原型观测资料的建立及分析，研究挖河期间及挖河后一段时间内水文泥沙的变化，分析挖河段及其上下游一定河段的河道冲淤变化规律，研究挖河疏浚的减淤效果，总结挖河疏浚的经验，为以后开展大规模的挖河疏浚提供科学依据。

根据《挖河固堤工程原型观测研究大纲》要求，本次挖河固堤工程水文原型观测内容为河道断面观测、水位观测、水文测验及床沙观测四部分。

（一）河道断面观测

为监测挖河段冲淤变化情况及挖河工程对挖河段上下游河道的影响程度，在利津至清4河段布设了利津、王家庄、东张、章丘屋子、义和、一号坝、北尚、前左、联合、朱家屋子、渔洼、CS7断面、清1、清2、清4共15个河道监测横断面，监测河段总长度70.77 km。15个河道断面中，开挖河段6个，其上游河段4个，下游河段5个。断面间距：开挖河段1 320～2 250 m，平均1 840 m；上、下游河段4 410～11 920 m，平均6 840 m。

（二）水位观测

设置了麻湾、利津、东张、一号坝、西河口、丁字路口共6处水位观测站。观测时段为自挖河开始起一个水文年。

（三）水文测验

设置了利津、丁字路口2处水文测验站。测验项目包括流量、含沙量、输沙率等。

（四）床沙测验

进行河道断面测量的同时，在有关断面上取河床质，并进行颗粒分析。河床质取样断面为利津、东张、一号坝、前左、朱家屋子、渔洼、清1、清4共8个。

第三节　2003 年挖河固堤工程水文原型观测研究实施内容

一、挖河固堤工程的基本情况

2003 年黄河河口挖河固堤工程挖河段位于山东垦利县黄河河务局河道内，上起纪冯险工，下至义和险工，河段长 12.5 km，实际开挖长度约为 9.8 km，平均开挖宽度为 100 m、挖深 1.4 m，开挖河道设计河底纵比降为 1/10 000，开挖断面为梯形，开挖边坡为 1∶5。固堤工程共布置淤背区 7 段，其中左岸 1 段，右岸 6 段，淤背区长度为 6.83 km、顶宽一般为 80 m。开挖疏浚河槽采用 120 m^3/h 绞吸式挖泥船施工，开挖净工期为 75 d。

二、观测项目的主要内容

根据相关要求，观测研究是以计算分析挖沙减淤效益来安排观测工作的，其内容为河道断面观测、水位观测、水文测验及床沙观测四部分。观测范围是自利津断面至丁字路口断面，河段长约 77 km。

（一）河道断面观测

河道断面观测是研究河槽冲淤变化最简便的方法。在开挖疏浚河段内布设一定数量的河道观测横断面，经过一定的时间进行一次断面测量，可以反映出该时段内挖河河段的河道冲淤状况，从而知道开挖疏浚工作的工作进展情况和效果。同时，通过对开挖河段上下游河道断面的观测，可以分析得出开挖疏浚引起的溯源冲刷的影响范围和强度，以及下游河段新的河床边界条件下泥沙淤积分布的规律。

开展河道断面观测是为了分析研究挖河固堤工程减淤效果和作用而收集基础资料的一项重要工作，因此开展河道断面观测十分必要。

1. 河道断面设置

本次测验共设置 13 个河道横断面，设置原则是挖沙河段尽量布置密一些，并且尽可能包含上、下游影响的河段。它们是利津、王家庄、纪冯、张西、东张、东坝、章丘屋子、西冯村、义和、一号坝、前左、朱家屋子、渔洼。其中纪冯（挖河上界）、义和（挖河下界）两个断面为新增设的临时断面。

断面分布情况为：开挖河段内 7 个断面，上游河段 2 个断面，下游河段 4 个断面。

断面布设：在布设新增断面时，应首先目测河势情况，根据主流流向布设断面即断面线大致垂直主流流向。

1）断面桩布设

断面位置确定后，应于每一断面两岸大堤设置断面端点，在老滩沿或生产堤处埋设 3 个以上断面桩（滩唇桩）用于河道测量，断面桩可采用混凝土钢筋桩。河道滩地处埋设 3 个滩地桩用于滩地测量。

断面桩编号按规范有关规定编制。

2)断面标志杆设置

断面标志杆是在断面上进行工作时定位的标志。每一断面至少设置两根断面标志杆。标志杆一律使用12 m水泥电柱,并在其顶部安装边长为1 m的方型标志牌。

3)基线设置

基线垂直于断面线,起点应在断面线上。基线量测后应在另一端埋设基线杆,基线杆采用12 m水泥电柱,其顶部安装边长为1 m的三角形标志牌。

4)水准测量

每一断面应于两岸滩唇处各设立3个滩唇桩作为水准点,以做水道测量时引测水位用,各点高程用水准仪测量之。

上述各项基本布设完毕后,填写断面情况表。

原有河道断面布设不满足断面布设要求的应按上述要求补充齐全以满足测量之需。

2. 断面测量

1)断面测量的时段

断面测量的时段为挖河固堤工程实施之日起两个水文年。

2)河道断面测量测次

监测河段全断面测量:13个断面自挖河固堤工程开始前进行一次全断面测量,以获取本底河道断面形态资料,工作量为13断面次。工程结束后进行3次河道全断面测量,分别在当年的第一个汛期末、第二年的汛前和汛末,工程量为39断面次。

3. 断面测量项目及方法

1)滩地测量

滩地测量包括量距及高程测量。量距时用经纬仪测定断面方向,钢尺量距;同时用五等水准测定高程,每100 m应有一测点,在地形转折处需增加测点。

2)水道断面测量

水道断面测量包括下列各项工作:

(1)沿断面实测各测深垂线的起点距、测深垂线数目和分布的位置,应以能控制断面内河床地形的主要转折变化为原则。不同河宽断面测量所必须的最少测深垂线数目如表11-9所示。

表11-9 不同河宽断面最少测深垂线数目

水面宽(m)	50	100	300	1 000	1 000以上
测深垂线数目(条)	10	15	20	25	25以上

(2)水深测量。水深小于6 m,流速小于3 m/s时,应用测杆测深,超过此限时,可用测深锤测深。

(3)断面测量时的水位观测。为了计算河底高程,在测量水道断面的同时进行水位观测,其方法及要求按河道观测试行技术规定的有关部分执行。

4. 断面测量资料整理

1)原始记载检查

对原始记载进行全面检查,对测点的起点距、高程和水位进行计算、校核和复核并作合理性检查。

2）实测成果资料整理

资料经过整理后编制大断面成果表及大断面比较图。

以上各项成果图表的每一个步骤都须经过填制、校核、复核三遍手续检查无误。

（二）水位观测

此次共设立6处水位站，即麻湾、利津、东张、一号坝、西河口、丁字路口水位站。其中东张为新增设水位站，丁字路口站为1998年挖河工程专用水位站。

观测时段为从挖河固堤工程实施之日起一年。

1. 水位观测的具体要求

1）水尺布置

水尺形式为直接观读式水尺，每站设永久性水尺3支，其余采用木桩临时水尺。水尺观测范围高于历年最高洪水位和低于历年最低枯水位各0.5 m；每一水尺断面分级设置高、中、低水尺，各相邻水尺观测范围应有0.1～0.2 m的重合。

2）水尺编号

各水尺的排列次序编号为自靠近岸边的一支编起向河心顺序排列。水尺零点高程发生变化或水尺被毁等现象发生后，水尺编号按水位观测规范要求编列。

3）水尺零点高程测量

（1）水位站的高程基面仍使用水文大沽基面。引测水尺零点高程时要由较稳定的三等水准点上进行引测。新设站应从附近河道断面的水准点上引测。

（2）水尺零点高程测量的高差允许不符值按相关规范执行。

（3）水尺零点高程校测次数按水位观测规范有关规定办理。

2. 水位观测内容

水位观测的基本内容是观测与计算水位。除记录水尺读数、计算当时水位外，同时需观测风向、风力、水面起伏度以及目测河势溜向的变化等。

3. 水位观测时间与次数

水位观测的次数依据水位变幅大小而定；观测次数要求按表11-10执行。

表11-10　不同水位变幅水位观测布置情况

水位变幅(m)	测次（次/日）	
	水文站	水位站
0.1以下	3	3
0.1～0.2	4	3
0.2～0.4	6～12	4～6
0.4以上	12	12
洪峰过程	12～24	12～24

注：每日8时为定时观测时间；3次指8时、14时、20时；4次指2时、8时、14时、20时。

4. 水位资料整理

水位观测资料经过整理后，计算日平均水位，编制水位资料月报表。

（三）水文测验

1. 水文测验站设置

此次设置利津、丁字路口两处水文测验断面，其中利津水文站按常年水文站要求进行观测，丁字路口专用水文站由于测验条件的限制，汛期洪水漫滩时无法控制全断面，汛期仅施测主槽部分，同时凌汛期暂停观测。

2. 测验断面设施整顿

对为挖河固堤工程专设的朱家屋子水文站进行整顿，主要进行如下项目：

（1）按照水文测验规范要求补齐缺少的断面杆、标志杆并重新刷漆使其醒目。

（2）校测在断面附近的高程基点，采用三等水准校测。

3. 断面测量

两个水文站的测流断面应于开工前及测验结束前各进行一次大断面和水道断面测量。测量要求按《河流流量测验规范》（GB 50179—93）第三章第一、二节有关规定执行。

4. 流量测验

（1）根据测验河段的实际情况，流速测验宜采用流速仪法测流。

（2）流速仪测流工作内容有：①流速仪测流要观测基本水尺水位；②实测水道断面，水道断面的实测方法按《河流流量测验规范》（GB 50179—93）第三章及附录的有关规定执行；③在各测速垂线上测量各点的流速，必要时测量流向偏角；④观测天气现象、测流河段附近河流情况；⑤计算、检查、分析实测流量及有关数据。

（3）测速垂线及测点布设。一般情况下测速垂线数目按表 11-11 布设。流速测点分布：一般情况下使用三点法测速，即在 0.2 h、0.6 h、0.8 h 处测速。h 为实测水深，如水位涨落急剧或水深很小时，也可采用 0.5 h 一点测速。

表 11-11　测速垂线数目

水面宽（m）	50	100	300	1 000	>1 000
最少测速垂线数	8	9	11	13	>13

（4）流量测验测次及测验时段。流量测验时段为挖河工程开始之日起两年。测次布置总的要求以能完整控制水位、流量变化过程为原则，为此：①挖河期间每隔 2～3 d 施测一次；②当花园口出现大于 3 000 m^3/s 的洪峰施测完整的洪峰过程，即施测洪峰起涨点、峰腰、峰肩、峰顶、落平等点；③在进行河道断面测量的同时进行流量、输沙率测验；④附属项目观测：在测流量的同时进行水温、风力、风向、气温观测，每天 8 时定时观测。

（5）流量测验资料整理有：①每次流量测验结束后认真计算出各次实测流量；②每旬编制一次流量、含沙量计算表；③每月编制实测流量、输沙率成果表。

5. 悬移质输沙率测验

1）测次分布

（1）一般情况下，每月施测 2 次，遇大水沙过程，施测 3 次。

（2）挖河期间适当增加测次，10 d 左右实测 1 次。

(3)进行河道断面测验的同时施测悬移质输沙率1次。

2)取样垂线分布和取样点的分布

悬移质输沙率取样垂线分布在断面上,其大致分布均匀,主流区比两边要密以能控制含沙量横向分布变化为原则。为此要求:

(1)取样垂线数目一般情况下按照测速垂线的一半布置,当水位、含沙量变化急剧时,为了缩短测验历时,可适当减少取样垂线数目,但水面宽大于50 m时不得少于5条,水面宽小于50 m时不少于3条。

(2)取样点的布设:在垂线上一般采用2∶1∶1定比混合法取样,即在0.2 h、0.6 h、0.8 h 三点处取样。

(3)施测输沙率的同时,在输沙率测验开始、终了各取单沙一次,计算相应单样。

3)含沙量测验

(1)含沙量测验设备。横式采样器取样,量筒量积,天平称重,置换法处理,处理方法按《河流悬移质泥沙测验规范》(GB 50159—92)第四章要求执行。

(2)测次。单位水样含沙量测次,以能控制含沙量的变化过程为原则。

非汛期:每日8时取样一次,含沙量变幅较大时,适当增加测次。

汛期:水沙峰期间,每日取样4次;若水流平稳,含沙量变化不大且小于20 kg/m^3 时,可每日8时取样一次。

挖沙期:凡每日测流的时间,每日8时取样一次。含沙量大于20 kg/m^3 时,每日取沙不少于2次。

(3)单位水样含沙量取样方法。采用"五线半深法"布置垂线,等积取样,混合处理的方法。

(四)床沙测验

不另设断面,进行断面淤积测验的同时在相应断面上取河床质并作颗粒分析,取样要求见河道断面观测有关部分。

三、原型观测资料的整编、汇编

原型观测结束后,按照水文资料整编、汇编的有关要求,结合挖沙固堤实际测验情况将上述资料进行整编,并将其汇编成《山东黄河2003年挖河固堤工程水文原型观测资料汇编》。

四、分析研究

根据河道断面测验资料及水文测验资料,分析研究挖沙监测河段河道冲淤演变规律,分析研究挖沙河段冲淤变化情况及其对上下游河段的影响效果,比较分析挖沙前后河道冲淤变化情况等。

五、提供成果

根据实测资料情况，提供水文原型观测成果如下：

(1)河道断面测量成果表。

(2)水位观测成果表。

(3)水文测验成果表。

(4)分析研究报告。

第三篇 黄河河口研究成果综述

黄河河口是一个弱潮强堆积性河口,历史上改道频繁,以致形成了荒芜的景象。新中国成立以后,党和国家对这片年轻的土地寄予了厚望,十分重视这一地区的社会经济发展。特别是20世纪60年代初,油田大规模开发建设以来,对河口的研究更加重视。1963年黄委会王化云主任视察了河口并对河口的观测研究工作提出了三点指示。至此,不仅河口的观测工作得到了很大发展,而且研究工作也提到了议事日程,不少致力于河口研究工作的志士仁人纷至沓来,对河口的发展规律及治理研究进行着不懈的努力。山东水文水资源局也于1992年成立了黄河河口海岸研究所。经过几十年的多方研究,大量的研究成果应用到河口治理工作中。成果的研究内容大体可分为如下几部分。

一、黄河河口基本规律研究

1965年由武汉水电学院、前左河口水文实验站、黄河水利委员会水利科学研究所组成的河口小组完成了《黄河河口基本情况基本规律》研究报告,报告分三部分。

(一)黄河口滨海区河口段基本情况

对滨海区的气候、地形及海岸淤进后退,海底沉积,潮汐、潮流特性,水文物理特性等进行了系统分析和描述,并对河口段的水位及水面比降、径流、泥沙、潮汐对河道的影响等进行了翔实的分析计算。

(二)三角洲演变

对1855年海岸线及三角洲河道行水年限进行了分析并初步提出了判别改道的标准,对三角洲形态进行了描述,估算了河口泥沙淤积分布。

(三)河口发展对下游河道的影响

通过分析研究得出七项结论。该报告收录在谢鉴衡院士所著的《江河演变与治理研究》一书中。

20世纪70年代,庞家珍和司书亨两位同志进一步提出了黄河河口演变规律及对下游河道影响的研究报告《黄河河口演变》,并在第一届国际泥沙学术讨论会上交流。

当然,以后有不少人对这一命题进行了更加深入、细致的研究。

近年来,山东水文水资源局通过实测资料分析,完成了一批研究报告,如谷源泽、姜明星等同志完成的《黄河河口拦门沙演变分析研究》,对拦门沙区的地形、水沙运行特征进行了系统分析,对拦门沙区的水下地形演变、调水调沙后泥沙淤积变化进行了研究。姜明星等著的《黄河三角洲海岸及滨海区演变与河口流路及入海泥沙的关系》利用实测资料进行了详细分析。

二、黄河入海流路行水年限及流路安排的研究

(1)庞家珍、余力民、司书亨完成的《清水沟流路行水年限及近期流路安排》依据入海流路容沙体积实测资料,对行水年限进行了估算,并提出了清水沟、十八户、挑河三条流路可行水40~50年的结论。

(2)1996年高文永等完成了《黄河清水沟流路演变及北汊河海域条件分析》报告,其主要内容包括两部分:黄河口清水沟流路现状及演变规律;清水沟流路海区状况及北汊海域条件分析,据此对北汊流路行水年限进行了预估。

三、稳定河口流路及治理研究

从事河口流路及治理方面研究的单位研究比较多,如以李殿魁为代表的研究团队提出的稳定河口流路100年的研究。

李泽刚在《黄河近代河口演变基本规律与稳定入海流路治理》(2006年3月)一书中,提出了河口治理三策,即限制行水河口海岸淤积延伸、增大河口段河道排沙能力、疏浚河口拦门沙,并在三策指导下,提出了建设一系列工程措施,以使其河口流路固定下来。

在治理措施中,不容忽视的海岸蚀退防护措施是保障该区经济稳定发展的重要措施之一。中石化胜利油田分公司与黄河河口水文水资源勘测局对这一措施进行了合作研究。通过对影响海岸蚀退因子及过程机理进行科学描述的基础上,应用大量河口变迁以及风、浪、潮水沙、风暴潮、海堤、丁坝等海堤工程调查资料,进行了详细分析研究,提出了海岸侵蚀防护的有效措施。该研究课题还编辑出版了《黄河三角洲胜利滩海油区海岸蚀退与防护研究》(2005年3月)。

第十二章　黄河河口基本规律研究

第一节　黄河河口清水沟流路演变分析

1947年以来，黄河河口流路经历了3次改道，形成了3条流路期，即神仙沟流路、刁口河流路和清水沟流路时期。现行入海流路，系1976年由刁口河人工改道清水沟后形成，至2005年年底，已行水近30年。近30年来，清水沟流路经过改道初期的游荡摆动，淤滩成槽的演变过程，至1980年汛后，形成单一顺直的河型，一直维持至今。现利用实测资料，对清水沟流路的演变过程及特点进行分析。

一、来水来沙情况

根据利津水文站1950~2002年的资料统计，多年平均径流量为331.2亿m^3，多年平均来沙量为8.23亿t，来沙特性为:

(1)利津水文站来水来沙年际间和年内分配极不均匀,最大年来水量与最小年来水量之比为52:1,最大年来沙量与最小年来沙量之比为121:1。在年内水沙分配上,平均汛期水量占全年的61.6%,平均汛期沙量占全年的84.6%,来水来沙集中于汛期,且水沙不同步。

(2)1976~2002年,利津水文站平均年径流量较多年平均值偏小33.1%,平均年输沙量较多年平均值偏小29.0%。

(3)清水沟流路年均来水量仅占神仙沟流路年均来水量的47.1%;占刁口河流路的52.3%;年均输沙量分别占神仙沟流路和刁口河流路的44.9%和51.6%,且水沙更加集中于汛期,小流量级来水占比重最大。

二、清水沟流路河道冲淤演变

(一)利津以下河道冲淤变化

利津以下河道冲淤情况列入表12-1,可以看出利津以下河道冲淤变化大体可分为以下几个阶段:

表12-1 利津以下河道冲淤统计 (单位:亿t)

时段(年-月)	利津至西河口冲淤量			西河口以下冲淤量			合计
	主槽	滩地	全断面	主槽	滩地	全断面	
1976-05~1979-05	0.001	0.077 4	0.079	1.552	2.013	3.625	3.704
1979-05~1984-10	-0.504	-0.040	-0.581	-0.183	-0.045	-0.228	-0.809
1984-10~1996-05	0.835	-0.132	0.703	0.199	1.209	1.407	2.110
1996-05~2002-05	0.09	0.001	0.094	-0.203	0	-0.203	-0.108

第一阶段:1976年5月~1979年5月为淤积阶段。利津至河口河段共淤积3.704亿t,淤积强度为0.523 4亿t/km。

第二阶段:1979~1984年为冲刷阶段。西河口以上河段全面冲刷,1979年5月~1984年10月利津至西河口河段共冲刷0.581亿t,西河口以下河段除1979年5月~1980年5月淤积0.280亿t外,1980年5月~1984年10月冲刷0.508亿t,在该阶段,利津至河口河段共计冲刷0.809亿t。

第三阶段:1984年汛后至1996年5月为回淤阶段。此间,利津以下河道时冲时淤,但总的趋势是淤积。利津至河口河段累计淤积2.110亿t。

第四阶段:1996年清8出汊后,缩短入海流程,由河口侵蚀基面引起冲刷,持续至1997年。1998年以后,利津以下河道时冲时淤,总的趋势是淤积。

(二)清水沟流路断面形态变化

从清水沟流路实测断面资料分析(见图12-1),清1以下各断面,在淤滩成槽阶段,大都出现整个断面大面积的平行淤高现象,河槽是在全断面大量淤积的基础上形成的,而非冲深使然。

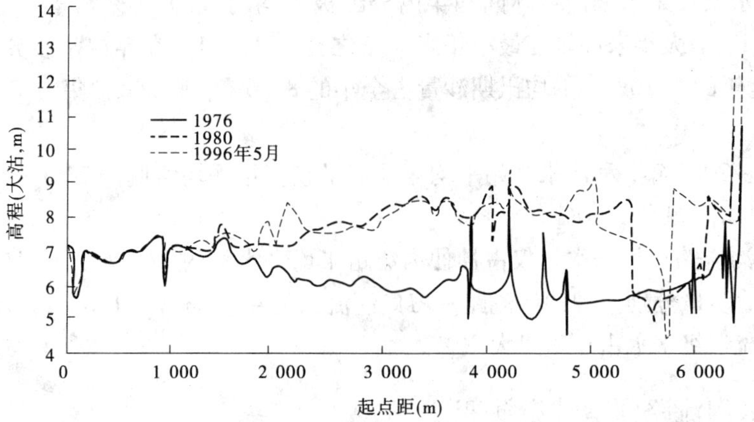

(a)清1断面

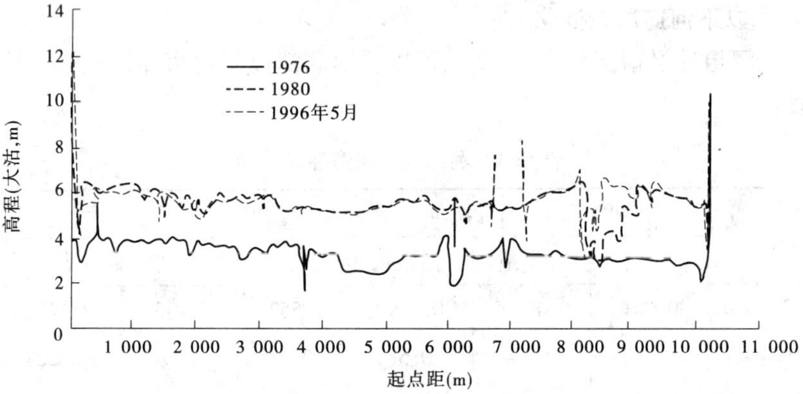

(b)清3断面

图 12-1　清水沟流路汛前断面比较

(三)同流量水位变化与河段冲淤的关系

利津以下各站同流量水位变化也大致分为 4 个阶段，即:1976～1979 年的水位上升阶段,1979～1984 年的水位下降阶段,1984～1996 年清 8 出汊的水位上升阶段,1996 年清 8 出汊的水位下降阶段。水位变化与河道断面冲淤变化相对应，具体情况见表 12-2。

表 12-2　利津以下各站 3 000 m^3/s 流量下的水位变幅　　(单位:m)

时间(年－月)	站名		
	利津	一号坝	西河口
1976～1979	0.67	0.60	0.73
1979～1984	－1.09	－1.10	－1.24
1984～1996－05	1.98	1.71	1.93
1996－05～1996－10	－0.60	－0.53	－0.47

1996 年汛前与 1976 年相比,3 000 m^3/s 流量下的水位利津站总计上升 1.56 m，一号坝上升 1.21 m，西河口上升 1.42 m。1996 年清 8 出汊后,同流量水位又出现 1 次下降过程,当

年利津、一号坝、西河口 3 000 m^3/s 流量下的水位分别下降 0.60、0.53、0.47 m。

(四)清水沟流路河道冲淤变化的特点

通过以上分析，可看出清水沟流路的冲淤变化有如下特点：

(1)河口段河槽是泥沙在原滩地上堆积成槽，而不是水流下切冲刷形成的，即所谓淤滩成槽。

(2)清水沟流路行水初期，西河口以下河道的汛期淤积量远大于非汛期淤积量；1981 年后，则正好相反。

(3)西河口以下河道的冲淤经历了淤积、冲刷、淤积和 1996 年清 8 出汊后的先冲刷后淤积过程。同流量水位的变化过程与河道冲淤过程相对应。

三、河道平面变化

(一)河势变化

清水沟流路改道初期，改道点以下水流下泄散乱，成漫流入海，是比较典型的游荡型河段。清水沟行水过程中自然发生多次摆动，较大的有 1979 年汛期，在清 4 断面以下，河道由北向南摆动 23 km，在大汶流海堡正东 5 km 处向东入海；1980 年 10 月河道向左摆动 6 km，并在清 6 断面以下形成急弯等。1986 年底，胜利油田在清 7 断面以下 500 m 处向北开挖引河，流量较小，另一股为主流。1988 年堵死了在清 7 断面附近开挖的引河。此后，由于河口地区实施了截支强干，修筑导流堤和堵截汊沟等治理措施后，在清 9 断面以上河势稳定，河道单一顺直，无出汊现象，仅在清 9 断面以下 10 km 处发生小范围的摆动。1996 年汛前，河口在清 8 断面以上 950 m 处实施改汊工程，新汊河沿东略偏北方向入海，一直维持至今。

(二)清水沟流路河长变化

由实测资料得知，从 1976～1996 年汛前西河口以下河长由改道初期的 27 km 延长到 65.2 km，平均每年延长 1.96 km。河长的变化大致可分为两个阶段：

(1)1976～1979 年为清水沟改道初期，因河口附近海域水深较小，加上上游来沙量大，使口门附近淤积强烈，河长增加迅速。从 1976 年 6～9 月，河长由 27.0 km 增加到 45.0 km，平均每年延长 5.4 km。

(2)1980～1996 年汛前为河势基本稳定、河长稳定增加的时期。1980 年以后，河口延伸至水深较大的海域，再加 1986 年以后来沙量明显减少，河口淤积延伸速度减缓，从 1980 年 10 月～1996 年 6 月，河长由 46.0 km 增加到 65.2 km，平均每年延长 1.25 km。1996 年汛前的清 8 出汊工程，缩短河长 16 km，至 2002 年汛前西河口以下河长又延长至 58 km。

四、河口滨海区冲淤变化

现行黄河口属弱潮陆相河口，海洋动力条件差，每年进入河口地区的大量泥沙，大部分淤积在口门附近及口外滨海区。

(一)河口滨海区淤积分布

根据表 12-3 统计的黄河口清水沟流路河口泥沙淤积分布情况，可以看出河口泥沙淤积分布有以下特点：

(1)1976 年 5 月 ~2000 年 10 月清水沟流路 24.4 年间河口及滨海区共计淤积泥沙 109.47 亿 t,占同期来沙总量的 79.3%;其中陆地部分淤积量占来沙总量的 19.5%，滨海区泥沙淤积量占来沙总量的 59.9%，其余 20%左右的泥沙被海流带到远离河口的海区。

表 12-3　黄河口清水沟流路河口泥沙淤积分布情况

时段（年－月）	利津来沙（亿 t）	陆地部分		滨海区		总淤积量占来沙（%）
		淤积量（亿 t）	占来沙（%）	淤积量（亿 t）	占来沙（%）	
1976－05～1980－08	36.79	11.4	31.0	16.2	44.0	75.0
1980－08～1992－10	73.78	11.9	16.1	48.2	65.3	81.4
1992－10～2000－10	27.42	3.57	13.0	18.2	66.4	79.4
1976－05～2000－10	137.99	26.87	19.5	82.6	59.9	79.3

(2)1976 年 5 月 ~1980 年 8 月,为流路行水初期，河口流路游荡摆动，河口附近水深较小。这期间陆地部分淤积量占利津来沙的 31%,滨海区淤积量占利津来沙的 44.0%。

(3)1980 年 8 月 ~2000 年 10 月,河口流路已形成稳定、单一河道，河口已处在较深海域。该时期陆地部分淤积量占上游来沙的 15.3%，滨海区淤积量占上游来沙的 65.6%。陆地部分淤积量占上游来沙的比率,较上一时期明显减少，而滨海区淤积所占来沙的比率增大,说明该时期河道向滨海区的输沙能力增强。

(二)河口沙嘴延伸变化

由实测资料分析计算及黄河口滨海区 2 m、5 m、10 m 等深线演变图(见图 12-2)可以看出，1976 年 5 月 ~1979 年 10 月，是清水沟行水初期,2 m 等深线推进了 7.8 km，平均每年推进2.3 km。这期间河口附近水深较小，上游来沙量大，因此河口沙嘴淤进较快。1979 年以后，河口比较稳定，河口沙嘴已突出到水深较大的海域，1979 年 10 月 ~1995 年 10 月,2 m 等深线淤进速率逐渐减缓，这段时间 2 m 等深线推进了 23.3 km,平均每年推进 1.55 km。1996 年清 8 出汊后，至 2000 年 10 月,2 m 等深线仅延伸 5.2 km,年均仅 1.17 km,这与该时段河口来沙较小有很大关系。

五、结论

通过以上对 1976 年以来的河口河道及滨海区实测资料分析计算，得到如下认识：

(1)清水沟流路时期，年均来水来沙与神仙沟、刁口河时期相比最枯，来水来沙更加集中于汛期,并且小流量级来水占总来水量的比例最大。

(2)1976 年黄河河口改道清水沟以来，流路经历了改道初期游荡散乱、淤滩成槽的过程后,逐渐归股;1980 年汛后，已形成比较单一顺直的河型，至 1996 年汛前，基本维持单股入海的形势,入海河口逐渐南偏;1996 年清 8 出汊后,河口改向东偏北方向,一直维持至今。

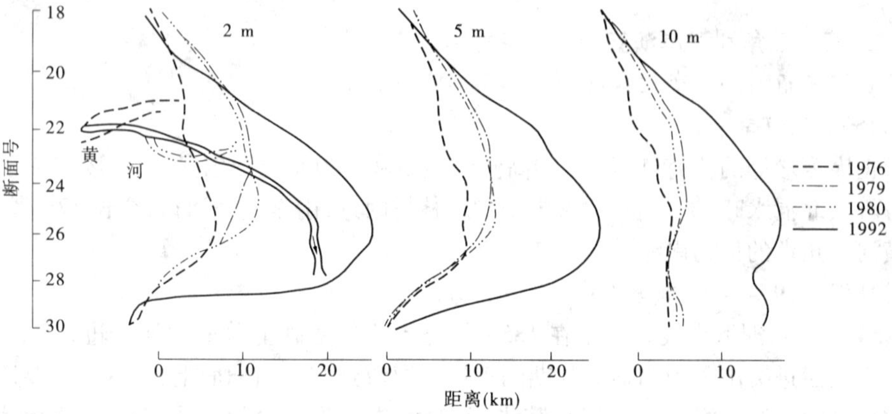

图 12-2　黄河口滨海区 2 m、5 m、10 m 等深线演变图

(3)清水沟流路的冲淤过程是淤积、冲刷、淤积和 1996 年清 8 出汊后的先冲刷后淤积过程。同流量水位的变化过程与河道冲淤过程相对应。

(4)黄河进入河口泥沙的淤积分布大体可分为三部分:一部分淤积在河口附近河道及潮间带,一部分淤积在河口滨海区,一部分被海洋动力输往三角洲滨海区较远的海域。清水沟流路期间,总体上来说,黄河输往河口的泥沙,淤积在河口河道及河口潮间带的部分占利津来沙量的 20% 左右,淤积在河口滨海区的占利津来沙量的 60% 左右,20% 左右的入海泥沙在海洋动力因素作用下输往较远的海域。

第二节　黄河三角洲海岸演变与入海水沙的关系

一、黄河入海流路变迁及三角洲海岸演变

(一)黄河入海流路变迁

黄河自 1855 年铜瓦厢决口夺大清河入渤海以来,由于自然或人为因素,在近代三角洲范围内决口、改道频繁,由此引起黄河入海流路变迁频繁。据史料记载及实际调查统计,黄河自 1855 年 7 月 ~2002 年底的 147.4 年中,在黄河近代三角洲上实际行水 113 年,入海流路在近代三角洲上决口改道 50 余次,较大的改道 10 次。其中 1855 ~ 1938 年发生 7 次,1938 年 6 月 ~ 1947 年 3 月山东河竭,1947 ~ 1976 年发生 3 次。每条流路行水历时 3 ~ 20 年不等。

历史上黄河入海流路的变迁多为自然决口改道造成。人民治黄以来,特别是新中国成立后,河口治理力度逐渐加大。3 次较大的流路变迁都是由人工措施实施的,其中目前的清水沟流路是唯一的有计划的截流改道形成。随着黄河三角洲胜利油田的开发和工农业生产的发展,要求一个相对稳定的入海流路越来越重要。1976 年黄河入海流路改道清水沟以来,已稳定行水 20 多年,这在黄河近代史上是没有的,也体现了人民治黄的伟大成就。1996 年根据胜利油田开发的需要,清水沟流路适时地调整了入海口门,在清 8 断面附近实施人工出汊工程,使入海口门向北摆动,缩短入海流程 16 km。

(二)黄河三角洲海岸演变

1. 黄河三角洲海岸变化情况

1)1855 年海岸

根据庞家珍等的研究,1855 年的高潮线粗略确定为北起套尔河口,经耿家屋子、老鹊嘴、大洋堡、北混水旺、老爷庙、罗家屋子和幼林村附近,南至南旺河口,全长 128 多 km,为近代黄河三角洲的最初岸线。

2)1855 ~ 1954 年海岸变化

1954 年三角洲海岸线基本是在 1855 年海岸线的基础上普遍向海淤进,其中在三角洲东北方向淤进突出最为明显。这期间黄河入海流路在三角洲面上自然摆动、改道,遵循自然演变规律。海岸淤进与蚀退交替进行,行河岸段附近海岸剧烈淤进,不行河海岸蚀退,总的变化特点是在三角洲洲面上循环淤进。据统计,1855 ~ 1954 年 99 年间,黄河入海流路在近代三角洲上实际行河 64 年,共淤海造陆 1 510 km^2。根据总参测绘局所测 1:50 000地形图量算,1954 年黄河三角洲海岸线,自西部的洼拉沟口开始至南部的小清河口的海岸线长度已超过 230 km。

3)1954 ~ 1976 年海岸变化

1954 ~ 1976 年,三角洲新的海岸主要是神仙沟流路和刁口河流路时期形成。因此,在新挑河至现清水沟流路北部之间剧烈淤进,淤进面积达 651 km^2;其余岸段出现不同程度的蚀退,蚀退面积为 102 km^2,主要蚀退部位在新挑河以西区域。这个时段三角洲海岸的变化特点是:1964 年以前三角洲的主要淤进部位在三角洲东北方向神仙沟流路入海处,淤出海岸形成一扇形突出区;1964 ~ 1976 年为刁口河流路时期,三角洲主要淤进部位为西起新挑河、东至刁口河以东的五河淤积区,河口的最大淤进距离达 38 km;现清水沟流路以南海岸基本稳定。

4)1976 年以来海岸变化

1976 年黄河入海流路改走清水沟后,由于改道之初河口附近为原神仙沟与甜水沟之间的洼地,水深较浅,海岸当年就在原来洼拉沟口处向海突出。同时由于清水沟流路初期的 1976 ~ 1980 年,河口河道处于淤滩成槽阶段,河口河道清 3 断面以下无大堤约束,因此流路散乱,河口海岸在河口两侧各 20 km 范围内平面淤进。1980 年以后,河口入海流路趋于稳定单一,并且根据三角洲工农业生产发展的需要加大了河口治理措施,再加上一直没有大的洪水,入海水流基本约束在狭窄的范围内入海,河口海岸基本在河口两侧 20 km 范围内向海延伸,形成一突出海岸的巨大沙嘴。1992 ~ 2000 年三角洲海岸的变化主要集中在清水沟流路附近。1996 年以前,海岸沿清水沟老河口方向淤积延伸,1996 年汛前实施清 8 出汊工程后,在清 8 出汊河口也淤出一尖状沙嘴。

2. 黄河三角洲海岸延伸蚀退速率分析

1)三角洲海岸延伸速率分析

表 12-4 统计了不同时期黄河三角洲各河口沙嘴海岸延伸距离,可以看出:1954 年以前,海岸线在三角洲上基本整体向海推进,海岸延伸速率在 0.2 ~ 0.46 km/a。1953 ~ 1963 年神仙沟流路时期,延伸速率为 2.7 km/a;1964 ~ 1975 年刁口河流路时期,延伸速

率为 3.0 km/a。该两条流路行水期间,入海水沙较多,河口附近海岸延伸速率较快,延伸范围也较广泛。两者相比较而言,神仙沟流路时期河口海岸延伸速率较刁口河流路小,这主要是由于神仙沟河口海域条件较好所致。

表 12-4　不同时期黄河三角洲各河口沙嘴海岸延伸距离　　(单位:km)

时段(年-月)	沙嘴名称				
	车子沟口	刁口河口	神仙沟口	清水沟口	甜水沟口
1855~1954	16.4	13.0	21.1	29.7	23.0
1954~1963	—	—	27	—	—
1964~1976-05	—	33	—	—	—
1976-05~1995-10	—	—	—	38	—

1976 年河口改走清水沟流路。表 12-5 是清水沟流路时期河口延伸变化情况:最初几年,由于河口附近水域较浅,水沙较丰沛,因此河口海岸延伸较快,年均延伸约 5 km;1980 年以后,河口流路比较单一稳定,河口已延伸至较深海域。1992 年 10 月~1995 年 10 月,河口海岸延伸速率为 1 km/a。1996 年河口在清 8 附近实施人工出汊,因出汊河口附近水域较浅,虽然河口来沙较少,但是河口海岸在出汊当年还是延伸了 9 km。1998 年以后至 2002 年,河口来水来沙非常少,河口基本没有延伸。

表 12-5　清水沟流路时期河口延伸变化情况　　(单位:km)

时段(年-月)	河口沙嘴高潮线	河口滨海			
		2 m 等深线		5 m 等深线	
		延伸距离	影响范围	延伸距离	影响范围
1976-05~1979-10	18.0	7.8	42	5.0	42
1979-10~1992-10	17.2	19.0	36	15.0	48
1976-05~1992-10	35.2	24.1	42	17.0	50
1992-10~1995-10	3	5.5	20	6.2	20
1995-10~2000-10	12	5.2	12	4.5	13
1992-10~2000-10	8.6	3.7	24	6.3	28

2)海岸蚀退状况

三角洲海岸的演变规律是行河岸段淤进,不行河岸段侵蚀后退。据实际调查和实测资料分析,神仙沟流路和刁口河流路停止行河后,河口附近海岸都曾出现剧烈蚀退,其中刁口河流路停止行河后的 1976~1980 年原河口滨海 2 m 等深线蚀退 2 km, 蚀退速率达 0.5 km/a。1980 年以后蚀退逐渐减缓,至 1992 年,2 m 等深线蚀退 4 km,年均 0.33 km。1992~2000 年滨海 2 m 等深线又侵蚀后退近 3 km,蚀退速率接近 1980~1992 年。1996 年河口实施清 8 出汊后,清水沟流路老河口开始出现蚀退,河口滨海 2 m 等深线在 1996~1997年蚀退 1.4 km,以后逐渐减缓,至 2000 年共蚀退 2.2 km,蚀退速率为 0.55

km/a 左右。

(三)三角洲海岸变化与河口水沙的关系

三角洲海岸演变与河口来水来沙关系密切，河口来沙对三角洲海岸变化的影响主要集中于河口附近海岸。表 12-6 统计了利津来沙量与河口附近海岸延伸距离的对比。对比表明，在神仙沟流路时期，利津每来沙 1 亿 t，河口海岸延伸 0.21 km；在刁口河流路时期，利津每来沙 1 亿 t，河口海岸延伸 0.25 km。神仙沟流路和刁口河流路分别位于三角洲的东北部和北部，海域水深较深，并且这两条流路行水期间，水沙条件接近，因此河口海岸延伸速率及入海泥沙造成的延伸距离都比较接近，神仙沟流路河口海岸延伸速率和亿吨入海泥沙造成的海岸延伸距离相对小一些，是由于神仙沟流路河口附近海区接近 M2 分潮无潮点，这里潮流速较大，海洋动力因素较强所致。

表 12-6 利津来沙量与河口附近海岸延伸距离对比

时段 （年－月）	利津来沙 （亿 t）	河口延伸 距离（km）	行水年限 （年）	延伸速率 （km/a）	亿吨泥沙 延伸距离（km/亿 t）
1953－07～1963－12	129.74	27	10.4	2.59	0.21
1964－01～1976－05	134.60	33	12.3	2.68	0.25
1976－06～1996－06	128.18	38	20	1.90	0.30
1996－07～2000－10	10.24	12	4.25	2.82	1.17

清水沟流路行水期间，河口位于三角洲的东部，海域水深较浅，海洋动力因素较弱，利津每来沙 1 亿 t，河口海岸延伸 0.30 km；在与神仙沟流路和刁口河流路来沙总量相近条件下，延伸距离最大。1996 年清 8 出汊以后，至 2000 年，利津来沙总量为 102.4 亿 t，河口附近海岸延伸了 12 km，利津每来沙 1 亿 t，河口海岸延伸 1.17 km。清 8 出汊后，亿吨入海泥沙造成河口海岸延伸较快的原因是以下两个方面：一是出汊开始几年，河口海域水深较浅，淤积延伸较快；二是清 8 出汊后河口稳定，在狭窄范围内延伸，河口沙嘴突出所致。

二、黄河入海泥沙淤积造陆

(一)历史上黄河三角洲入海泥沙淤积造陆状况

黄河入海流路自 1855 年夺大清河改道入渤海以来，在近代黄河三角洲上已行水 100 多年，使近代黄河三角洲面积有了较大的增长。据统计，1855～1954 年，黄河在近代三角洲上实际行水 64 年，在整个三角洲上决口摆动频繁，大面积淤海造陆 1 510 km^2，年均淤海造陆 23.6 km^2。

1954 年以后，黄河在近代三角洲上摆动范围有所减小，黄河三角洲上大的流路变动共有 3 次，即 1954 年的神仙沟流路三股并汊、1964 年的刁口河流路和 1976 年的人工改道清水沟流路。其中在 1954 年至 1976 年的神仙沟流路和刁口河流路行水的 22 年中，黄河在近代三角洲上共淤积造陆 651 km^2，平均每年淤积造陆 29.5 km^2。同时由于远离河口海岸的蚀退，蚀退面积共计 102 km^2，年均蚀退 4.64 km^2，因此三角洲上净造陆面积为 549 km^2，净造陆速率为 24.9 km^2/a，接近 1954 年以前淤海造陆速率。

（二）清水沟流路淤积造陆状况

黄河入海流路自1976年人工改道清水沟以来，三角洲淤积造陆主要集中在清水沟流路两侧各20 km范围内。清水沟流路行水最初几年1976～1980年的河口造陆面积达179 km^2，年均达42.1 km^2。1980年以后，河口入海流路基本单一稳定，至1992年的12年间，共淤积造陆358 km^2，平均每年淤积造陆29.6 km^2。河口以外的其余海岸蚀退175 km^2，实际净淤积造陆速率为15.1 km^2/a，净淤积造陆速率较1976～1980年要小得多。1992年以后，年均进入河口的水沙量显著减小，期间利津年均输沙量仅为3.56亿t，造成河口淤进缓慢。1996年实施清8出汊工程，在清水沟流路河口形成两个淤出部位，造陆面积分别为49 km^2（清水沟老河口）和41 km^2（清8出汊河口），三角洲的刁口河以西蚀退面积为14 km^2，三角洲上净淤积造陆面积只有76 km^2，年均净淤积造陆为9.5 km^2。

（三）入海泥沙淤积造陆与河口水沙的关系

入海泥沙淤积造陆与河口水沙关系密切，同时与河口海域条件也有密切关系。根据表12-7统计的河口来沙情况与河口淤积造陆面积的关系，不考虑远离行水河口的蚀退情况，可以看出：神仙沟流路和刁口河流路时期，黄河在三角洲的东北部和北部入海，该海域水深较深，海域容沙能力大，亿吨泥沙造陆面积相对较小，利津来沙1亿t，造陆面积不足3 km^2，清水沟流路时期，黄河在三角洲东部入海，该海域水深较浅，海域容沙能力较小，因此亿吨泥沙造陆面积相对较大，利津来沙1亿t，造陆面积超过4 km^2。

表12-7　河口来沙情况与河口淤积造陆面积对照

时段（年－月）	利津来沙（亿t）	造陆面积（km^2）	行水年限（a）	造陆速率（km^2/a）	亿吨泥沙造陆面积（km^2/亿t）
1954－07～1976－05	2 520.9	651	21.9	29.73	25.8
1976－06～2000－10	1 384.1	627	24.3	25.8	45.2
1954－07～2000－10	3 905	1 278	46.2	27.7	32.7

根据1954～2000年实测系列资料分析，利津来沙1亿t，可淤海造陆3.27 km^2。入海泥沙的造陆面积与河口海域条件关系密切：一般流路，行水初期1亿t泥沙造陆面积大，随着河口的延伸逐渐减小；其原因在于入海流路行水初期一般都是选择在三角洲低洼处，水深较浅，滨海容沙能力小，河口淤积造陆较快，以后随着入海流路的延伸和河口沙嘴的突出，河口处水深逐渐增大，河口滨海容沙能力加大，河口淤积造陆减缓。

三、黄河入海泥沙淤积分布及三角洲滨海区水下地形演变

（一）黄河入海泥沙淤积分布

1.黄河入海泥沙淤积形态

实测资料分析表明，黄河入海泥沙的主要淤积区域发生在河口以外的拦门沙区及其以外的前缘急坡区，并且在淤积区内形成了一个最大淤积中心区，淤积中心的淤积厚度根据河口行水年限和河口的变化有所不同。清水沟流路1976～1992年入海泥沙淤积中

心的淤积厚度达 14 m 以上，淤积厚度超过 12 m 的范围达 90 km^2；1992～2000 年则由于 1996 年河口在清 8 出汊，使得入海泥沙形成了两个淤积中心，淤积中心的淤积厚度小于 10 m，范围也非常小，淤积厚度超过 8 m 的范围仅 10 km^2 左右。黄河入海泥沙形成的主要淤积区形态类似于不规则椭圆状，淤积区椭圆的长轴平行于河口海岸，短轴垂直于河口海岸，这种表现在河口比较稳定的情况下更加明显。

2. 黄河入海泥沙淤积分布

黄河进入河口泥沙的淤积分布大体可分为三部分：一部分淤积在河口附近河道及潮间带，一部分淤积在河口滨海区，还有一部分被海洋动力输往三角洲滨海区较远的海域。据 1976～2000 年清水沟流路实测系列资料分析，清水沟流路期间，总体上来说，黄河输往河口的泥沙淤积在河口河道及河口潮间带的部分占利津来沙量的 20% 左右，淤积在河口滨海区的占利津来沙量的 60% 左右，另有 20% 左右的入海泥沙在海洋动力因素作用下输往较远的海域。

（二）黄河三角洲滨海区水下地形演变

1. 黄河三角洲滨海区行水河口附近水下地形演变特征

三角洲行水河口附近水下地形的演变首先在滨海区原来水下岸坡的基础上演变为水下三角洲，发育过程中水下三角洲的顶坡段逐渐变缓、前坡段逐渐变陡，然后水下三角洲随着入海流路的延伸和摆动整体向海推进。水下三角洲在整体向海推进的同时，其范围也逐渐扩大，但水下三角洲的发育范围和程度受入海泥沙的多少和河口摆动范围的影响巨大。

2. 黄河三角洲滨海区不行水河口附近水下地形演变特征

黄河三角洲不行水河口附近滨海区的水下地形演变呈现浅水区侵蚀后退、深水区淤积的形态。但其侵蚀强度在滨海区不同范围内有所差异，一般是长时间不行河的河口滨海区水下地形的变化相对稳定一些，刚停止行河的河口滨海区水下地形的演变相对剧烈一些。

在长时间不行河的湾湾沟口附近滨海区，其水下地形除水下岸坡的顶坡段受风浪淘刷略微冲刷外，其余坡段的水下地形基本稳定；在小清河口附近滨海区，其水下地形的水下岸坡的顶坡段基本稳定，陡坡段和尾坡段受黄河入海泥沙扩散的影响以逐渐淤积为主，也在一定程度上反映了莱州湾南部海域水深有逐渐变浅的趋势。在原刁口河流路和神仙沟流路河口附近滨海区，由于该海区海岸和海岸附近的水下为两条流路行水期间新淤出部分，水下岸坡较陡，并且受东北强风浪影响因素大，因此其顶坡段和前坡段的水深较浅部分冲刷剧烈，前坡段的深水部分和尾坡段淤积，并有较明显的冲淤分界线。在原刁口河流路河口附近滨海区的冲淤分界线一般在 10 m 水深左右，在原神仙沟流路附近一般在 12 m 水深左右。

四、结论

（1）三角洲海岸演变与河口流路演变和入海水沙变化的关系密切，其变化规律是：三角洲行河河口附近一定范围的岸段剧烈淤进；停止行河岸段，由于缺少泥沙补给，在经过最初几年剧烈蚀退后，蚀退速率减缓，直至趋向相对稳定；在长时间不行河的岸段，海岸基本稳定；在修有稳固的防潮堤的海岸,海岸相对稳定。

(2)黄河自1855年夺大清河在现代三角洲入渤海后，至2000年汛后共净淤积造陆2 428余km^2。入海泥沙在三角洲的淤积造陆受河口附近海域条件及入海水沙条件影响较大。

(3)黄河输往河口的泥沙主要淤积在河口附近及河口滨海区，还有一部分被海洋动力输往远离河口的海区。入海泥沙的主要淤积部位位于河口拦门沙区及其以外的前缘急坡。入海泥沙的淤积分布受河口附近海域条件和入海流路的各个演变阶段的影响较大。

(4)三角洲滨海区水下地形在不同范围内演变特征变化巨大，在行河河口附近水下三角洲的顶坡段和前坡段呈现堆积性淤进，造成水下三角洲的前坡段比降增大;在不行河河口附近水下岸坡的顶坡段和前坡段的水深较小处冲刷后退，前坡段的水深较大处和尾坡段淤积，造成前坡段比降减小;在长时间不行河的河口滨海区水下地形基本稳定。

参 考 文 献

[1] 国家技术监督局. GB 12327—1998 海道测量规范[S]. 北京:中国标准出版社,2000.

[2] 国家技术监督局. GB/T 14914—2000 海滨观测规范[S]. 北京:中国标准出版社,1994.

[3] 燕峒胜,蒲高军,张建华,等. 黄河三角洲胜利滩海油区海岸蚀退与防护研究[M]. 郑州:黄河水利出版社,2006.

[4] 黄海军,李凡,庞家珍,等. 黄河三角洲与渤、黄海陆海相互作用研究[M]. 北京:科学出版社,2005.

[5] 侍茂崇,高郭平,鲍献文. 海洋调查方法[M]. 青岛:青岛海洋大学出版社,2004.